冶金工业矿山建设工程预算定额

（2010年版）

第三册　尾矿工程

北　京

冶 金 工 业 出 版 社

2011

图书在版编目(CIP)数据

冶金工业矿山建设工程预算定额:2010年版.第三册,尾矿工程/冶金工业建设工程定额总站编.—北京:冶金工业出版社,2011.1

ISBN 978-7-5024-5499-9

Ⅰ.①冶… Ⅱ.①冶… Ⅲ.①尾矿—矿山工程—预算定额 Ⅳ.①TD85

中国版本图书馆 CIP 数据核字(2010)第 257113 号

出　版　人　曹胜利
地　　　址　北京北河沿大街嵩祝院北巷 39 号，邮编 100009
电　　　话　(010)64027926　电子信箱　yjcbs@cnmip.com.cn
责任编辑　李培禄　美术编辑　李　新　版式设计　孙跃红
责任校对　王永欣　责任印制　牛晓波
ISBN 978-7-5024-5499-9

北京百善印刷厂印刷;冶金工业出版社发行;各地新华书店经销
2011 年 1 月第 1 版,2011 年 1 月第 1 次印刷
850mm×1168mm　1/32;10.375 印张;276 千字;313 页
105.00 元

冶金工业出版社发行部　电话:(010)64044283　传真:(010)64027893
冶金书店　地址:北京东四西大街 46 号(100010)　电话:(010)65289081(兼传真)
(本书如有印装质量问题,本社发行部负责退换)

冶金工业建设工程定额总站　文件

冶建定(2010)49 号

关于颁发《冶金工业矿山建设工程预算定额》(2010 年版)的通知

各有关单位:

为适应冶金矿山建设工程造价计价的需要,规范冶金矿山建设工程造价计价行为,指导企业合理确定和有效控制工程造价,由冶金工业建设工程定额总站组织修编的《冶金工业矿山建设工程预算定额》(2010 年版)第三册《尾矿工程》、第四册《剥离工程》、第五册《总图运输工程》、第六册《费用定额》、第七册《施工机械台班费用定额、材料预算价格》已经编制完成。经审查,现予以颁发。

本定额自 2011 年 1 月 1 日起施行。原《冶金矿山剥离工程预算定额》(1992 年版)、《冶金矿山尾矿工程预算定额》(1993 年版)、《冶金矿山总图运输工程预算定额》(1993 版)、《冶金矿山建筑安装工程施工机械台班费用定额》(1993 年版)、《冶金矿山建筑安装工程费用定额》(1996 年版)及《冶金矿山建筑安装工程费用定额》(井巷、机电设备安装部分)(2006 年版)同时停止执行。

本定额由冶金工业邯郸矿山预算定额站负责具体解释和日常管理。

冶金工业建设工程定额总站

二〇一〇年十一月二十八日

总　说　明

一、《冶金工业矿山建设工程预算定额》共分七册,包括:

第一册《井巷工程(直接费、辅助费)》(2006 年版);

第二册《机电设备安装工程》(2006 年版);

第三册《尾矿工程》(2010 年版);

第四册《剥离工程》(2010 年版);

第五册《总图运输工程》(2010 年版);

第六册《费用定额》(2010 年版);

第七册《施工机械台班费用定额、材料预算价格》(2010 年版)。

　　二、《冶金工业矿山建设工程预算定额》(2010 年版)(以下简称本定额)是完成规定计量单位分部分项工程所需的人工、材料、施工机械台班的计价定额;是统一冶金矿山工程预算工程量计算规则、项目划分、计量单位的依据;是编制冶金矿山工程施工图预算、招标控制价、确定工程造价指导性的计价依据;也是编制概算定额(指标)、投资估算指标的基础;可作为制定企业定额和投标报价的基础。其中工程量计算规则、项目划分、计量单位、工作内容等也可作为实行工程量清单计价,编制冶金矿山工程工程量清单的基础依据。

三、本定额适用于冶金矿山尾矿、剥离、总图运输的新建、改建、扩建和技术改造工程。

四、本定额是依据国家及冶金行业现行有关的产品标准、设计规范、施工及验收规范、技术操作规程、质量评定标准和安全操作规程编制的,同时也参考了具有代表性的工程设计、施工和其他资料。

五、本定额是按目前冶金矿山施工企业普遍采用的施工方法,施工机械装备水平、合理的工期、施工工艺和劳动组织条件;同时也参考了目前冶金矿山建设市场价格情况经分析进行编制的,基本上反映了冶金矿山建设市场的价格水平。

六、本定额是按下列正常的施工条件进行编制的:

1. 设备、材料、成品、半成品、构件完整无损,符合质量标准和设计要求,附有合格证书、实验记录和技术说明书。

2. 安装工程和土建工程之间的交叉作业正常,如施工与生产同时进行时,其降效增加费按人工费的10%计取;如在有害身体健康的环境中施工,其降效增加费按人工费的10%计取。

3. 正常的气候、地理条件和施工环境,如在特殊的自然地理条件下进行施工的工程,如高原、高寒、沙漠、沼泽地区以及洞库、水下工程,其增加费用应按各册的有关说明规定执行。

4. 施工现场的水、电供应状况,均应满足矿山工程正常施工需要,如不能满足时,应根据工程的具体情况,按经建设单位审定批准的施工组织设计方案,在工程施工合同中约定。

5. 安装地点、建筑物、构筑物、设备基础、预留孔洞等均符合安装的要求。

七、人工工日消耗量的确定:

1. 本定额的人工工日不分工种和技术等级,一律以综合工日表示,包括基本用工和其他用工。

2. 本定额综合工日人工单价分别取定为:井巷工程 48 元/工日,机电设备安装工程 40 元/工日(井上),机电设备安装工程 42 元/工日(井下);尾矿、剥离、总图运输工程 40 元/工日。综合工日单价包括基本工资、辅助工资、劳动保护费和工资性津贴等。

八、材料消耗量的确定:

1. 本定额中的材料消耗量包括直接消耗在矿山工程建设工作内容中的主要材料、辅助材料和零星材料,并计入了相应损耗。其损耗包括的内容和范围是:从工地仓库、现场集中堆放地点或现场加工地点到操作或安装地点的运输、施工操作和施工现场堆放损耗。

2. 凡定额中未注明单价的材料均为主材,基价中不包括其价格;在确定工程招、投标书中的材料费时,应按括号内所列的用量,向材料供应商询价、招标采购或经建设单位批准的工程所在地市场材料价格进行采购。

3. 本定额基价的材料价格是按《冶金工业矿山建设工程预算定额》(2010 年版)第七册《施工机械台班费用定额、材料预算价格》计算的,不足部分补充。

4. 用量很少,对基价影响很小的零星材料,合并为其他材料费,按其占材料费的百分比计算,以"元"表示,计入基价中的材料费。具体占材料费的百分比,详见各册说明。

5. 施工措施性消耗部分,周转性材料按不同施工办法、不同材质分别列出摊销量。

6. 主要材料损耗率见各册附录。

九、施工机械台班消耗量的确定：

1. 本定额的机械台班消耗量是按正常合理的机械配备和冶金矿山施工企业的机械装备水平综合取定的。

2. 凡单位价值在 2000 元以内，使用年限在两年以上的，不构成固定资产的工具、用具等未进入定额，已在《冶金工业矿山建设工程预算定额》(2010 年版)第六册《费用定额》中考虑。

3. 本定额基价中的施工机械台班单价系按《冶金工业矿山建设工程预算定额》(2010 年版)第七册《施工机械台班费用定额、材料预算价格》计算的。其中允许在公路上行走的机械，需要交纳车船使用税的设备，机械台班单价中已包括车船使用税。

4. 零星小型机械对基价影响不大的，合并为其他机械费，按其占机械费的百分比计算，以"元"表示，计入基价中的机械费，具体占机械费的百分比，详见各册说明。

十、关于水平和垂直运输：

1. 设备：包括自安装现场指定堆放地点运至安装地点的水平和垂直运输。

2. 材料、成品、半成品：包括自施工单位现场仓库或现场指定堆放地点至建筑安装地点的水平和垂直运输。

3. 垂直运输基准面：室内以室内地平面为基准面，室外以安装现场地平面为基准面。

十一、拆除工程计算办法：

1. 保护性拆除：凡考虑被拆除的设备再利用时，则采取保护性拆除。按相应定额人工加机械乘 0.7 系数计算拆除费。

2. 非保护性拆除：凡不考虑被拆除的设备再利用时，则采取非保护性拆除。按相应定额人工加机械乘0.5系数计算拆除费。

十二、本定额中注有"XXX以内"或"XXX以下"者均包括XXX本身；"XXX以外"或"XXX以上"者均不包括XXX本身。

十三、本定额适用于海拔高度1500～3000m以下、地震烈度七级以下的地区，具体详见各册说明，按各册规定的调整系数进行调整。

十四、本说明未尽事宜，详见各册说明。

目　　录

第三章　筑坝工程

册　说　明

一、《冶金工业矿山建设工程预算定额》(2010年版)第三册《尾矿工程》(以下简称本定额),是在1993年原冶金工业部颁发的《冶金矿山尾矿工程》的基础上,依据国家有关法律法规及政策规定,现行的矿山工程有关设计规范、施工及验收规范、操作技术规程等进行修编的。适用于冶金矿山尾矿工程的新建、改建以及扩建工程,不适用于拆除及维修工程。

二、本定额包括场地整理,土石方工程,筑坝工程,尾矿管道,构筑物,其他工程,排水竖井,隧洞工程及附录。

三、本定额主要依据的标准、规范有:

1. 标准设计图集、具有代表性的施工图设计图纸。

2. 国家现行的施工技术及验收规范、安全操作规程、质量评定标准。

3.《冶金矿山安全规程》。

4.《矿山井巷工程施工及验收规范》。

5. 1993年《全国统一工程建设预算定额冶金矿山尾矿工程》。

6. 2006年《冶金矿山井巷工程预算定额》(直接费部分)。

7. 2006年《矿山井巷工程辅助费预算定额基础资料》(辅助费部分)。

8. 2006 年《全国统一工程安装工程基础定额》。

9. 新近建成或正在施工的冶金矿山尾矿工程的调查资料。

四、本定额的工作内容仅注明主要的施工过程和工序,次要的施工过程或工序虽未说明,但定额均已包括。

第一章　场地整理

说　　明

一、本定额适用于筑坝前的场地清理,料场清理以及构筑物场地清理等工程。

二、本定额有关挖、运土方工程量系按自然实方计算,填方系按实方计算。

三、本定额不包括排水,如需排水时应按实计算。

四、挖山皮适用于已砍过小树(直径 10cm 以下)或在每 $100m^2$ 内小树不超过 20 棵的山上。料场清理表土层适用于一般草皮的清除和清理场地。

一、人工清理灌木林、伐乔木、挖树根及竹（芦）根

工作内容:1. 人工清理灌木林:砍挖、清除、堆放场外。2. 伐乔木:砍伐并运至场外堆放。3. 挖树根:从锯口以下挖除并运至场外。4. 挖竹（芦）根:挖、清除、堆放场外。

定 额 编 号			3-1-1	3-1-2	3-1-3	3-1-4	3-1-5	3-1-6	3-1-7	3-1-8	3-1-9
项 目			清理灌木林		伐乔木						
			稀的	密的	锯口直径(cm)						
			21~150棵	150棵以上	<20	<40	<60	<80	<100	<150	>150
单 位			100m²	100m²	100棵	100棵	100棵	100棵	100棵	100棵	100棵
基 价 (元)			**203.20**	**244.00**	**198.40**	**269.60**	**572.80**	**936.00**	**1709.20**	**6686.00**	**11531.20**
其中	人 工 费 (元)		203.20	244.00	198.40	269.60	572.80	936.00	1709.20	6686.00	11531.20
	材 料 费 (元)		—	—	—	—	—	—	—	—	—
	机 械 费 (元)		—	—	—	—	—	—	—	—	—
名 称	单位	单价(元)	消 耗 量								
人工 综合工日	工日	40.00	5.08	6.10	4.96	6.74	14.32	23.40	42.73	167.15	288.28

注:1. 灌木是指直径为10cm以下的小树。2. 每100m²只有小树21~150棵为稀的,150棵以上为密的,20棵以内不计算。3. 伐乔木锯口以根部离地面20cm为准。

工作内容: 1.人工清理灌木林:砍挖、清除、堆放场外。2.伐乔木:砍伐并运至场外堆放。3.挖树根:从锯口以下挖除并运至场外。4.挖竹(芦)根:挖、清除、堆放场外。

定 额 编 号		3-1-10	3-1-11	3-1-12	3-1-13	3-1-14	3-1-15	3-1-16	3-1-17	3-1-18
项 目		挖树根							挖竹(芦)根	
		锯口直径(cm)							土壤分类	
		<20	<40	<60	<80	<100	<150	>150	Ⅰ、Ⅱ类土	Ⅲ、Ⅳ类土
单 位		100棵	100棵	100棵	100棵	100棵	100棵	100棵	100m²	100m²
基 价 (元)		**508.80**	**2260.80**	**7666.00**	**16504.00**	**28105.60**	**33144.00**	**38210.00**	**336.40**	**542.00**
其中	人 工 费 (元)	508.80	2260.80	7666.00	16504.00	28105.60	33144.00	38210.00	336.40	542.00
	材 料 费 (元)	-	-	-	-	-	-	-	-	-
	机 械 费 (元)	-	-	-	-	-	-	-	-	-
名 称	单位 单价(元)	消 耗 量								
人工 综合工日	工日 40.00	12.72	56.52	191.65	412.60	702.64	828.60	955.25	8.41	13.55

二、人工挖山皮、清除料场表土层

工作内容：1.人工挖山皮：在直径10cm以内小树已砍或在100m²内小树不超过20棵的山上，将所有覆盖草皮树根等全部挖除、装卸并60m搬运。2.料场清除表土层：一般草皮的清除和清理场地。挖装并60m搬运。

单位：100m²

定 额 编 号			3-1-19	3-1-20	3-1-21	3-1-22	3-1-23	3-1-24	3-1-25	3-1-26	3-1-27
项 目			挖山皮			清除表土			60~100m以内每加10m运距		
			厚度(cm)								
			10	20	30	10	20	30	10	20	30
基 价 （元）			**283.20**	**546.80**	**750.00**	**126.00**	**251.60**	**370.80**	**8.40**	**16.40**	**24.40**
其中	人 工 费 （元）		283.20	546.80	750.00	126.00	251.60	370.80	8.40	16.40	24.40
	材 料 费 （元）		–	–	–	–	–	–	–	–	–
	机 械 费 （元）		–	–	–	–	–	–	–	–	–
名 称	单位	单价(元)	消 耗 量								
人工 综合工日	工日	40.00	7.08	13.67	18.75	3.15	6.29	9.27	0.21	0.41	0.61

注：厚度超过30cm按挖土方计算。

三、人工挖淤泥、流沙

工作内容:挖淤泥、流沙、挖、装、运、卸及空回。

单位:100m³

定 额 编 号			3-1-28	3-1-29	3-1-30	3-1-31	3-1-32	3-1-33
项 目			一般淤泥		淤泥、流沙		稀淤泥流动性大的流沙	
			运距(m)					
			<50	每增加10	<50	每增加10	<50	每增加10
基 价 (元)			2782.00	152.00	3420.00	162.00	4366.40	182.00
其中	人 工 费 (元)		2782.00	152.00	3420.00	162.00	4366.40	182.00
	材 料 费 (元)		-	-	-	-	-	-
	机 械 费 (元)		-	-	-	-	-	-
名 称	单位	单价(元)	消 耗 量					
人工 综合工日	工日	40.00	69.55	3.80	85.50	4.05	109.16	4.55

注:1.一般淤泥:系指水量较大、粘锹、粘筐、行走陷脚的淤泥,用铁锹铲挖,土箕(筐)或布兜装运。2.淤泥:系指水量超过饱和状态或糊状的淤泥,用铁锹铲挖,布兜或水桶装运。3.流沙:系指流动性较缓的流沙,用铁锹铲挖,布兜或水桶装运。4.稀淤:系指含水量超过饱和状态,成稀糊状的稀淤泥,挖后即平复无痕,只能用水斗(瓢、桶)掏起,布兜、水桶或水斗装运。5.流动性大的流沙:只能用水斗(瓢、桶)掏起、布兜、水桶或水斗装运。6.本定额不包括排水。

四、场地平整及碾压

工作内容: 1.场地平整:挖填高度在±30cm以内挖填找平。2.原土夯实:夯实平整。3.回填土:5m内取土填平整,夯填包括夯实。4.场地碾压:大面积平整碾压一遍,人工补夯洒水。

定　额　编　号			3-1-34	3-1-35	3-1-36	3-1-37	3-1-38	3-1-39	3-1-40	3-1-41	3-1-42
项　目			场地平整	原土夯实		推土机平整场地推土厚度(cm)					
						65kW		75kW		135kW	
			人工	人工夯实两遍	机械	<20	<30	<20	<30	<20	<30
单　　　位			100m²	100m²	100m²	1000m²	1000m²	1000m²	1000m²	1000m²	1000m²
基　　价　(元)			**189.20**	**50.80**	**19.06**	**295.07**	**431.68**	**259.16**	**392.66**	**317.90**	**501.30**
其中	人　工　费　(元)		189.20	50.80	–	–	–	–	–	–	–
	材　料　费　(元)		–	–	–	–	–	–	–	–	–
	机　械　费　(元)		–	–	19.06	295.07	431.68	259.16	392.66	317.90	501.30
名　称	单位	单价(元)	消　　　　　耗　　　　量								
人工 综合工日	工日	40.00	4.73	1.27	–	–	–	–	–	–	–
机 蛙式打夯机	台班	23.82	–	–	0.800	–	–	–	–	–	–
履带式推土机65kW	台班	546.43	–	–	–	0.540	0.790	–	–	–	–
履带式推土机75kW	台班	785.32	–	–	–	–	–	0.330	0.500	–	–
械 履带式推土机135kW	台班	1222.69	–	–	–	–	–	–	–	0.260	0.410

注: 场地碾压:面积小于1000m²的场平碾压工程,施工机械用量乘以系数1.185。

工作内容:1.场地平整:挖填高度在±30cm以内挖填找平。2.原土夯实:夯实平整。3.回填土:5m内取土填平整,夯填包括夯实。4.场地碾压:大面积平整碾压一遍,人工补夯洒水。

定　额　编　号			3-1-43	3-1-44	3-1-45	3-1-46	3-1-47	3-1-48
项　　目			回填土		场地碾压			
			松填	夯填	拖拉机牵引羊足碾		内燃压路机	
					单联	双联	6～8t	10～12t
单　　位			100m³	100m³	1000m²	1000m²	1000m²	1000m²
基　价（元）			**250.80**	**708.40**	**118.81**	**274.33**	**126.53**	**201.87**
其中	人　工　费（元）		250.80	708.40	–	–	–	–
	材　料　费（元）		–	–	12.00	12.00	12.00	12.00
	机　械　费（元）		–	–	106.81	262.33	114.53	189.87
名　称	单位	单价（元）	消　　耗　　量					
人工 综合工日	工日	40.00	6.27	17.71	–	–	–	–
材料 水	m³	4.00	–	–	3.000	3.000	3.000	3.000
机械 履带式拖拉机 60kW	台班	559.10	–	–	0.098	–	–	–
羊足碾（单筒）3t内	台班	19.86	–	–	0.098	–	–	–
履带式拖拉机 75kW	台班	751.27	–	–	–	0.062	–	–
羊足碾（双筒）12t内	台班	80.43	–	–	–	2.060	–	–
振动压路机 8t	台班	560.51	–	–	–	–	0.115	–
振动压路机 12t	台班	808.11	–	–	–	–	–	0.173
洒水车 4000L	台班	417.24	–	–	0.120	0.120	0.120	0.120

注:场地碾压:面积小于1000m²的场平碾压工程,施工机械用量乘以系数1.185。

第二章　土石方工程

说　　明

一、本定额土壤及岩石分类:土方分Ⅰ类土、Ⅱ类土、Ⅲ类土、Ⅳ类土;岩石是以普氏硬度表示,分为$f=1.5 \sim 4$,$f=4 \sim 8$,$f=8 \sim 12$,$f>12$。

二、本章定额计量单位为自然方,如挖运松方,需乘以土石方的松方与自然方的折算系数,详见附录中土石方虚实方系数表。

三、土石方工程预算定额中的计量单位:

自然方:指未经开挖扰动的自然状态的土石方。

实方:指填筑、回填、压实后的土石方。

松方:指自然方经机械或人工开挖后松动过的土石方。

四、机械挖土、石方单位工程量小于$200m^3$时,按定额乘以系数1.10。

五、本定额不包括地下水位线以下施工时所发生的排水费用,也不包括自然积水的排除,如发生可根据批准的施工方案另行计取。

六、本定额是以地下水位线以上干土考虑的,如挖地下水位线以下湿土时,定额乘以系数1.15;湿土施工中需要铺设的垫板等按实计算;人工在挡土板支撑挖土的,按相应定额人工乘以系数1.2。

七、机械挖土方工程量,按机械挖土方90%,人工挖土方10%计算。人工挖土部分按相应定额项目人工乘以系数2.0。

八、推土机、铲运机在挖方区土层平均厚度小于30cm施工时,铲运机乘以系数1.8,推土机乘以系数1.25。

九、装运含石量大于30%的土壤或经爆破后的软石,机械台班按装运Ⅳ类土相应定额乘以系数1.11。

十、沟槽、基坑石方开挖中,已包括1.5m以内将石碴倒运到沟、坑上口地面1m以外。而一般石方开挖,则没有考虑此项传递用工。如需要传递时,按下表增加用工(综合工日)。

单位:100m³ 自然方

岩石类别	$f=1.5\sim4$	$f=4\sim8$	$f=8\sim12$	$f>12$
增加工日数	19.1	20.7	22.7	24.7

十一、石方开挖其深度超过1.5m如需要传递石碴时,按下表增加传递用工(综合工日)。

深度在(米以内)	2	3	4	5	6
增加工日数	3.8	10.69	16.70	22.82	29.30

十二、推土机推土石方上坡,铲运机重车上坡,坡度大于5%时,斜坡长度乘以下列系数作为该段运距。

坡度	10%以内	15%以内	20%以内	25%以内
系数	1.75	2	2.25	2.5

十三、人工挖土方、地槽、地坑、需要放坡时,应根据施工组织设计规定,如无规定,可按下表计算。

土壤类别	人工挖土	机械挖土		放坡起点深度
		在坑底挖土	在坑边挖土	
Ⅰ、Ⅱ	1:0.50	1:0.33	1:0.75	1.2m
Ⅲ	1:0.33	1:0.25	1:0.67	1.5m
Ⅳ	1:0.25	1:0.10	1:0.33	2.0m

十四、基础施工中需增加的工作面,按施工组织设计规定计算,如无规定,可按下列处理。

1. 毛石砌筑,每边增加工作面 15cm。

2. 混凝土基础或垫层需要支模板时,每边增加工作面 30cm。

十五、沟槽、基坑石方开挖,按图示尺寸另加允许超挖量以立方米计算。允许超挖量按被挖的坡面积乘以允许起挖厚度。允许超挖厚度:当 $f = 1.5 \sim 8$ 时为 20cm, $f = 8 \sim 16$ 时为 15cm。

十六、石方开挖,按炮孔中无地下积水编制。炮孔中出现地下渗水,积水时,应另行计算。

十七、凡槽底宽度在 3m 以内,槽长大于槽宽三倍,执行地槽定额,凡图示底面积在 20m² 以内的挖土为挖地坑,不属于上述条件者,按挖土方计算。

十八、自卸汽车运输按挖方区重心至填(卸)方区重心之间的最短行驶距离计算,其行驶道路均考虑为Ⅲ级道路。

一、土方工程

1. 人工挖土方

工作内容:人工挖土、装土、修整底边。

单位:100m³ 自然方

定 额 编 号				3-2-1	3-2-2	3-2-3	3-2-4	3-2-5	3-2-6	3-2-7	3-2-8	3-2-9
项 目				Ⅰ、Ⅱ类土			Ⅲ类土			Ⅳ类土		
				挖土深度(m)								
				<2	<4	<6	<2	<4	<6	<2	<4	<6
基 价 (元)				650.00	977.20	1293.60	1042.00	1368.40	1686.00	1546.40	1872.80	2190.00
其中	人 工 费 (元)			650.00	977.20	1293.60	1042.00	1368.40	1686.00	1546.40	1872.80	2190.00
	材 料 费 (元)			-	-	-	-	-	-	-	-	-
	机 械 费 (元)			-	-	-	-	-	-	-	-	-
名 称		单位	单价(元)	消 耗 量								
人工	综合工日	工日	40.00	16.25	24.43	32.34	26.05	34.21	42.15	38.66	46.82	54.75

2. 人工挖地槽

工作内容:挖土、装土或抛土、修整底边、保持槽两侧1m以内不得堆放弃土。

单位:100m³ 自然方

定　额　编　号			3-2-10	3-2-11	3-2-12	3-2-13	3-2-14	3-2-15	3-2-16	3-2-17	3-2-18
项　　目			Ⅰ、Ⅱ类土			Ⅲ类土			Ⅳ类土		
			挖土深度(m)								
			<2	<3	<4	<2	<3	<4	<2	<3	<4
基　　价　（元）			**867.20**	**1018.00**	**1108.80**	**1463.20**	**1594.00**	**1638.00**	**2152.40**	**2204.80**	**2241.20**
其中	人　工　费　（元）		867.20	1018.00	1108.80	1463.20	1594.00	1638.00	2152.40	2204.80	2241.20
	材　料　费　（元）		-	-	-	-	-	-	-	-	-
	机　械　费　（元）		-	-	-	-	-	-	-	-	-
名　　称	单位	单价(元)	消　　　　耗　　　　量								
人工 综合工日	工日	40.00	21.68	25.45	27.72	36.58	39.85	40.95	53.81	55.12	56.03

3.人工挖地坑

工作内容:挖土、装土或抛土、修整底边、保持槽两侧1m以内不得堆放弃土。

单位:100m³ 自然方

定 额 编 号				3-2-19	3-2-20	3-2-21	3-2-22	3-2-23	3-2-24	3-2-25	3-2-26	3-2-27
项 目				I 、II类土			III类土			IV类土		
				挖土深度(m)								
				<2	<4	<6	<2	<4	<6	<2	<4	<6
基 价 (元)				**966.00**	**1279.60**	**1550.40**	**1646.00**	**1943.60**	**2186.00**	**2428.80**	**2706.00**	**2903.20**
其 中	人 工 费 (元)			966.00	1279.60	1550.40	1646.00	1943.60	2186.00	2428.80	2706.00	2903.20
	材 料 费 (元)			—	—	—	—	—	—	—	—	—
	机 械 费 (元)			—	—	—	—	—	—	—	—	—
名 称		单位	单价(元)	消 耗 量								
人 工	综合工日	工日	40.00	24.15	31.99	38.76	41.15	48.59	54.65	60.72	67.65	72.58

4.人工挖冻土

工作内容:1.不爆破:挖、打碎、装卸、空回、整平卸土,清理场地及维修道路。2.爆破:打眼爆破、安全防护、清理大块解小,装运卸、空回,整平卸土,清理场地及维修道路。

单位:100m³ 自然方

定 额 编 号			3-2-28	3-2-29	3-2-30	3-2-31	3-2-32	3-2-33	3-2-34	3-2-35
项 目			不爆破				爆破			
			人力挑抬		单(双)轮车运		人力挑抬		单(双)轮车运	
			<20m	每增运10m	<20m	每增运10m	<20m	每增运10m	<20m	每增运10m
基 价 (元)			**4022.80**	**116.40**	**3897.20**	**143.60**	**1766.42**	**116.40**	**1526.47**	**143.60**
其中	人 工 费 (元)		4022.80	116.40	3897.20	143.60	1534.00	116.40	1294.80	143.60
	材 料 费 (元)		—	—	—	—	232.42	—	231.67	—
	机 械 费 (元)		—	—	—	—	—	—	—	—
名 称	单位	单价(元)	消			耗		量		
人工 综合工日	工日	40.00	100.57	2.91	97.43	3.59	38.35	2.91	32.37	3.59
材料 工具钢	kg	4.20	—	—	—	—	2.500	—	2.500	—
乳化炸药2号	kg	7.36	—	—	—	—	17.500	—	17.500	—
非电雷管	个	1.50	—	—	—	—	35.500	—	35.000	—
母线	m	0.67	—	—	—	—	59.500	—	59.500	—

5. 人工运土、小四轮运土

工作内容:装土、运土、卸土、清理道路等。

定　额　编　号				3-2-36	3-2-37	3-2-38	3-2-39	3-2-40	3-2-41	3-2-42	3-2-43
项　　目				人工挑运		单(双)轮车运		轻轨斗车运		拖拉机运	
				运距(m)							
				<50	每增运20	<100	每增运50	<200	每增运100	<200	每增运100
基　　　　　价　(元)				**1175.20**	**132.40**	**959.20**	**97.20**	**614.71**	**115.04**	**2458.88**	**166.44**
其中	人　工　费　(元)			1175.20	132.40	959.20	97.20	600.40	110.80	407.60	－
	材　料　费　(元)			－	－	－	－	－	－	－	－
	机　械　费　(元)			－	－	－	－	14.31	4.24	2051.28	166.44
名　　称	单位	单价(元)		消　　　　　　耗　　　　　　量							
人工	综合工日	工日	40.00	29.38	3.31	23.98	2.43	15.01	2.77	10.19	－
机械	轮式拖拉机 21kW	台班	248.39	－	－	－	－	－	－	8.210	0.660
	其他机械费	元	1.00	－	－	－	－	14.310	4.240	12.000	2.500

6. 人工装机械运土

工作内容: 1. 机动翻斗车运土:人装、车运卸,道路修整等。2. 人装汽车运土:人装、车运人卸或车自卸,工作面内道路整理及养护。

单位:100m³ 自然方

定 额 编 号			3-2-44	3-2-45	3-2-46	3-2-47	3-2-48	3-2-49	3-2-50	3-2-51
项 目			1t 机动翻斗车运土		人工装 4t 自卸汽车		人工装卸 4t 载重汽车运土		人工装卸 6t 载重汽车运土	
			运距(km)							
			<0.2	每增运 0.1	<1	每增运 0.5	<1	每增运 0.5	<1	每增运 0.5
基 价 (元)			**1690.86**	**93.04**	**2902.84**	**212.45**	**4150.81**	**265.50**	**4362.64**	**285.91**
其中	人 工 费 (元)		536.00	–	782.40	–	1184.40	–	1398.40	–
	材 料 费 (元)		–	–	–	–	–	–	–	–
	机 械 费 (元)		1154.86	93.04	2120.44	212.45	2966.41	265.50	2964.24	285.91
名 称	单位	单价(元)	消 耗 量							
人工 综合工日	工日	40.00	13.40	–	19.56	–	29.61	–	34.96	–
机械 载重汽车 4t	台班	327.78	–	–	–	–	9.050	0.810	–	–
自卸汽车 4t	台班	400.84	–	–	5.290	0.530	–	–	–	–
机动翻斗车 1t	台班	147.68	7.820	0.630	–	–	–	–	–	–
载重汽车 5t	台班	420.46	–	–	–	–	–	–	7.050	0.680

7. 推土机推土

工作内容: 推土、弃土、平整、人工修理边坡和工作面排水。

单位:1000m³ 自然方

定 额 编 号			3-2-52	3-2-53	3-2-54	3-2-55	3-2-56	3-2-57	3-2-58
项 目			55kW 以内			75kW 以内			
			推土距离(m)						
			<20		每增运 10	<20			每增运 10
			I、II类土	III类土	综合	I、II类土	III类土	IV类土	综合
基 价 (元)			**3227.92**	**3997.97**	**1540.96**	**2122.90**	**2446.12**	**2904.19**	**769.61**
其 中	人 工 费 (元)		338.00	418.80	–	159.60	184.40	218.40	–
	材 料 费 (元)		–	–	–	–	–	–	–
	机 械 费 (元)		2889.92	3579.17	1540.96	1963.30	2261.72	2685.79	769.61
名 称	单位	单价(元)	消		耗		量		
人工 综合工日	工日	40.00	8.45	10.47	3.130	3.99	4.61	5.46	–
机 械 履带式推土机 55kW	台班	492.32	5.870	7.270	3.130	–	–	–	–
履带式推土机 75kW	台班	785.32	–	–	–	2.500	2.880	3.420	0.980

工作内容:推土、弃土、平整、人工修理边坡和工作面排水。 单位:1000m³ 自然方

定 额 编 号				3-2-59	3-2-60	3-2-61	3-2-62
项 目				90kW 以内			
				推土距离(m)			
				<20			每增运 10
				Ⅰ、Ⅱ类土	Ⅲ类土	Ⅳ类土	综合
基 价 (元)				**2002.96**	**2331.82**	**2867.48**	**892.52**
其中	人 工 费 (元)			138.40	166.80	207.60	–
	材 料 费 (元)			–	–	–	–
	机 械 费 (元)			1864.56	2165.02	2659.88	892.52
名 称		单位	单价(元)	消 耗 量			
人工	综合工日	工日	40.00	3.46	4.17	5.19	–
机械	履带式推土机 90kW	台班	883.68	2.110	2.450	3.010	1.010

工作内容: 推土、弃土、平整、人工修理边坡和工作面排水。

单位:1000m³ 自然方

定 额 编 号				3-2-63	3-2-64	3-2-65	3-2-66	3-2-67	3-2-68	3-2-69
项 目				105kW 以内				135kW 以内		
				推土距离(m)						
				<20			每增运 10	<20		每增运 10
				I、II 类土	III 类土	IV 类土	综合	I、II 类土	III 类土	综合
基 价 (元)				**1635.68**	**1880.66**	**2128.04**	**563.90**	**2391.80**	**2734.10**	**696.93**
其中	人 工 费 (元)			116.80	134.40	154.40	–	117.60	142.00	–
	材 料 费 (元)			–	–	–	–	–	–	–
	机 械 费 (元)			1518.88	1746.26	1973.64	563.90	2274.20	2592.10	696.93
名 称		单位	单价(元)	消 耗 量						
人工	综合工日	工日	40.00	2.92	3.36	3.86	–	2.94	3.55	–
机械	履带式推土机 105kW	台班	909.51	1.670	1.920	2.170	0.620	–	–	–
	履带式推土机 135kW	台班	1222.69	–	–	–	–	1.860	2.120	0.570

8.拖式铲运机铲运土

工作内容:铲运土方、工作面清理、场内行驶道路养护,人工配合洒水车洒水,铲除斗和刀片积土。

单位:1000m³ 自然方

定 额 编 号			3-2-70	3-2-71	3-2-72	3-2-73	3-2-74	3-2-75	3-2-76	3-2-77
项 目			斗容3m³				斗容8m³			
			铲运距离(m)							
			<200			每增运50	<200			每增运50
			Ⅰ、Ⅱ类土	Ⅲ类土	Ⅳ类土	综合	Ⅰ、Ⅱ类土	Ⅲ类土	Ⅳ类土	综合
基 价 (元)			**6355.38**	**8310.54**	**9586.23**	**1201.15**	**4657.38**	**5829.42**	**7079.76**	**760.03**
其中	人 工 费 (元)		548.00	730.40	865.60	—	258.40	326.80	399.20	—
	材 料 费 (元)		26.40	26.40	26.40	—	26.40	26.40	26.40	—
	机 械 费 (元)		5780.98	7553.74	8694.23	1201.15	4372.58	5476.22	6654.16	760.03
名 称	单位	单价(元)	消 耗 量							
人工 综合工日	工日	40.00	13.70	18.26	21.64	—	6.46	8.17	9.98	—
材料 水	m³	4.00	6.600	6.600	6.600	—	6.600	6.600	6.600	—
机械 拖式铲运机 3m³	台班	534.84	8.710	11.540	13.320	1.820	—	—	—	—
拖式铲运机 8m³	台班	928.69	—	—	—	—	4.100	5.170	6.320	0.700
履带式推土机 75kW	台班	785.32	1.270	1.600	1.840	0.290	0.560	0.700	0.840	0.140
洒水车 4000L	台班	417.24	0.300	0.300	0.300	—	0.300	0.300	0.300	—

工作内容:铲、运、卸土及平土、人工修理边坡及工作面排水。

单位:1000m³ 自然方

定 额 编 号			3-2-78	3-2-79	3-2-80	3-2-81	3-2-82	3-2-83	3-2-84	3-2-85
项 目			斗容 10m³				斗容 12m³（以内）			
			铲运距离（m）							
			<200			每增推 50	<200			每增推 50
			Ⅰ、Ⅱ类土	Ⅲ类土	Ⅳ类土	综合	Ⅰ、Ⅱ类土	Ⅲ类土	Ⅳ类土	综合
基 价 （元）			4749.17	5598.61	6873.55	718.50	4083.85	5165.12	6290.12	654.97
其中	人 工 费 （元）		258.40	326.80	399.20	–	215.20	272.40	332.80	–
	材 料 费 （元）		26.40	26.40	26.40	–	26.40	26.40	26.40	–
	机 械 费 （元）		4464.37	5245.41	6447.95	718.50	3842.25	4866.32	5930.92	654.97
名 称	单位	单价（元）	消 耗 量							
人工	综合工日	工日	40.00	6.46	8.17	9.98	–	5.38	6.81	8.32	–
材料	水	m³	4.00	6.600	6.600	6.600	–	6.600	6.600	6.600	–
机械	拖式铲运机 10m³	台班	1170.84	3.360	3.960	4.920	0.560	–	–	–	–
	拖式铲运机 12m³	台班	1350.77	–	–	–	–	2.510	3.210	3.940	0.450
	履带式推土机 75kW	台班	785.32	0.500	0.600	0.700	0.080	0.400	0.500	0.600	0.060
	洒水车 4000L	台班	417.24	0.330	0.330	0.330	–	0.330	0.330	0.330	–

9. 自动铲运机铲运土、装载机装运土方

工作内容: 1. 自动铲运机铲运土:铲运土方、工作面清理、场内行驶道路养护,人工配合洒水车洒水,清除斗和刀片积土。2. 装载机铲运土: 铲土装车、卸土推平、人工清理工作面和排水。

单位:1000m³ 自然方

定 额 编 号				3-2-86	3-2-87	3-2-88	3-2-89	3-2-90	3-2-91	3-2-92	3-2-93
项 目				自动铲运机斗容量10m³ 以内				装载机装运土斗容量(m³)			
				铲运距离500m 以内			每增推100m	1	1.5	2	3
				Ⅰ、Ⅱ类土	Ⅲ类土	Ⅳ类土	综合				
基 价 (元)				4891.08	5605.06	6649.79	584.11	2893.45	2626.35	2339.14	2194.34
其中	人 工 费 (元)			244.80	282.00	336.40	–	487.60	409.60	352.40	306.80
	材 料 费 (元)			36.80	36.80	36.80	–	45.60	45.60	45.60	45.60
	机 械 费 (元)			4609.48	5286.26	6276.59	584.11	2360.25	2171.15	1941.14	1841.94
名 称		单位	单价(元)	消 耗 量							
人工	综合工日	工日	40.00	6.12	7.05	8.41	–	12.19	10.24	8.81	7.67
材料	水	m³	4.00	9.200	9.200	9.200	–	11.400	11.400	11.400	11.400
机械	自行式铲运机(单引擎)10m³	台班	1158.40	3.440	3.970	4.730	0.450	–	–	–	–
	轮胎式装载机 1m³	台班	658.53	–	–	–	–	2.740	–	–	–
	轮胎式装载机 1.5m³	台班	729.61	–	–	–	–	–	2.300	–	–
	轮胎式装载机 2m³	台班	844.75	–	–	–	–	–	–	1.770	–
	轮胎式装载机 3m³	台班	1065.24	–	–	–	–	–	–	–	1.340
	履带式推土机 75kW	台班	785.32	0.620	0.700	0.840	0.080	0.490	0.410	0.350	0.310
	洒水车 4000L	台班	417.24	0.330	0.330	0.330	–	0.410	0.410	0.410	0.410

注: 装载机装运土按综合土壤考虑。

10. 挖掘机挖土

工作内容:挖土、就地弃土或装车、清理机下余土、人工修理边坡和工作面排水。

单位:1000m³ 自然方

定 额 编 号				3-2-94	3-2-95	3-2-96	3-2-97	3-2-98	3-2-99
项 目				0.6m³ 以内正铲挖掘机					
				装车			不装车		
				Ⅰ、Ⅱ类土	Ⅲ类土	Ⅳ类土	Ⅰ、Ⅱ类土	Ⅲ类土	Ⅳ类土
基 价 (元)				**2562.92**	**3038.85**	**3278.04**	**2130.88**	**2539.48**	**2853.85**
其中	人 工 费 (元)			296.40	296.40	296.40	296.40	296.40	296.40
	材 料 费 (元)			–	–	–	–	–	–
	机 械 费 (元)			2266.52	2742.45	2981.64	1834.48	2243.08	2557.45
名 称		单位	单价(元)	消 耗 量					
人工	综合工日	工日	40.00	7.41	7.41	7.41	7.41	7.41	7.41
机械	履带式单斗挖掘机(液压)0.6m³	台班	683.41	2.650	3.220	3.570	2.420	2.880	3.340
	履带式推土机 75kW	台班	785.32	0.580	0.690	0.690	0.230	0.350	0.350

工作内容：挖土、就地弃土或装车、清理机下余土、人工修理边坡和工作面排水。　　　　　　　　　单位：1000m³ 自然方

定　额　编　号				3-2-100	3-2-101	3-2-102	3-2-103	3-2-104	3-2-105
项　　目				1m³ 正铲挖掘机					
				装车			不装车		
				Ⅰ、Ⅱ类土	Ⅲ类土	Ⅳ类土	Ⅰ、Ⅱ类土	Ⅲ类土	Ⅳ类土
基　　　　价　（元）				**2484.09**	**2934.33**	**3173.43**	**2504.20**	**2504.20**	**2504.20**
其中	人　工　费　（元）			296.40	296.40	296.40	296.40	296.40	296.40
	材　料　费　（元）			－	－	－	－	－	－
	机　械　费　（元）			2187.69	2637.93	2877.03	2207.80	2207.80	2207.80
名　　　称		单位	单价（元）	消　　　　耗　　　　量					
人工	综合工日	工日	40.00	7.41	7.41	7.41	7.41	7.41	7.41
机械	履带式单斗挖掘机(液压) 1m³	台班	1039.58	1.840	2.190	2.420	1.950	1.950	1.950
	履带式推土机 75kW	台班	785.32	0.350	0.460	0.460	0.230	0.230	0.230

工作内容：挖土、就地弃土或装车、清理机下余土、人工修理边坡和工作面排水。　　　　　　　　　单位：1000m³ 自然方

定　额　编　号			3-2-106	3-2-107	3-2-108	3-2-109	3-2-110	3-2-111
项　　目			0.6m³ 反铲挖掘机					
			装车			不装车		
			Ⅰ、Ⅱ类土	Ⅲ类土	Ⅳ类土	Ⅰ、Ⅱ类土	Ⅲ类土	Ⅳ类土
基　　　价　（元）			**3278.04**	**3761.83**	**4319.76**	**2445.24**	**2929.03**	**3243.40**
其中	人　工　费　（元）		296.40	296.40	296.40	296.40	296.40	296.40
	材　料　费　（元）		－	－	－	－	－	－
	机　械　费　（元）		2981.64	3465.43	4023.36	2148.84	2632.63	2947.00
名　　　　称	单位	单价（元）	消　　　　耗　　　　量					
人工	综合工日	工日	40.00	7.41	7.41	7.41	7.41	7.41	7.41
机械	履带式单斗挖掘机（液压）0.6m³	台班	683.41	3.570	4.140	4.830	2.880	3.450	3.910
	履带式推土机 75kW	台班	785.32	0.690	0.810	0.920	0.230	0.350	0.350

工作内容:挖土、就地弃土或装车、清理机下余土、人工修理边坡和工作面排水。　　　　　　　　　单位:1000m³ 自然方

定　额　编　号				3-2-112	3-2-113	3-2-114	3-2-115	3-2-116	3-2-117
项　　　目				1m³ 反铲挖掘机					
				装车			不装车		
				Ⅰ、Ⅱ类土	Ⅲ类土	Ⅳ类土	Ⅰ、Ⅱ类土	Ⅲ类土	Ⅳ类土
基　　　　价　（元）				**3048.68**	**3621.13**	**4185.72**	**2909.64**	**3315.08**	**3720.51**
其 中	人　工　费　（元）			296.40	296.40	296.40	296.40	296.40	296.40
	材　料　费　（元）			－	－	－	－	－	－
	机　械　费　（元）			2752.28	3324.73	3889.32	2613.24	3018.68	3424.11
名　　　　称		单位	单价（元）	消　　　耗　　　量					
人工	综合工日	工日	40.00	7.41	7.41	7.41	7.41	7.41	7.41
机 械	履带式单斗挖掘机(液压) 1m³	台班	1039.58	2.300	2.760	3.220	2.340	2.730	3.120
	履带式推土机 75kW	台班	785.32	0.460	0.580	0.690	0.230	0.230	0.230

11. 自卸汽车运土

工作内容:运土、卸土,场内行驶道路洒水养护。

单位:1000m³ 自然方

定　额　编　号			3-2-118	3-2-119	3-2-120	3-2-121	3-2-122	3-2-123
项　　目			4t 自卸汽车		6t 自卸汽车		8t 自卸汽车	
			运距(km)					
			<1	每增0.5	<1	每增0.5	<1	每增0.5
基　　　价　(元)			**8153.66**	**1246.61**	**6796.74**	**1065.14**	**7046.53**	**1017.46**
其中	人　工　费　(元)		–	–	–	–	–	–
	材　料　费　(元)		55.20	–	55.20	–	55.20	–
	机　械　费　(元)		8098.46	1246.61	6741.54	1065.14	6991.33	1017.46
名　　称	单位	单价(元)	消　　　耗　　　量					
材料	水	m³	4.00	13.800	–	13.800	–	13.800	–
机械	自卸汽车 4t	台班	400.84	19.600	3.110	–	–	–	–
	自卸汽车 6t	台班	543.44	–	–	11.960	1.960	–	–
	自卸汽车 8t	台班	631.96	–	–	–	–	10.680	1.610
	洒水车 4000L	台班	417.24	0.580	–	0.580	–	0.580	–

工作内容:运土、卸土,场内行驶道路洒水养护。

单位:1000m³ 自然方

定 额 编 号				3-2-124	3-2-125	3-2-126	3-2-127	3-2-128	3-2-129
项 目				10t 自卸汽车		12t 自卸汽车		15t 自卸汽车	
				运距(km)					
				<1	每增0.5	<1	每增0.5	<1	每增0.5
基 价 (元)				6730.49	916.98	6677.14	791.78	7729.37	806.98
其 中	人 工 费 (元)			-	-	-	-	-	-
	材 料 费 (元)			55.20	-	55.20	-	55.20	-
	机 械 费 (元)			6675.29	916.98	6621.94	791.78	7674.17	806.98
名 称	单位	单价(元)		消	耗		量		
材料	水	m³	4.00	13.800	-	13.800	-	13.800	-
机 械	自卸汽车 10t	台班	722.03	8.910	1.270	-	-	-	-
	自卸汽车 12t	台班	761.33	-	-	8.380	1.040	-	-
	自卸汽车 15t	台班	996.27	-	-	-	-	7.460	0.810
	洒水车 4000L	台班	417.24	0.580	-	0.580	-	0.580	-

12. 土料翻晒

工作内容: 1. 人工翻晒:挖土、碎土、摊开翻晒拢堆、堆置土料、加防雨盖等,以及各项辅助工作。2. 机械翻晒:犁土、耙碎、积料等。

单位:100m³ 自然方

定 额 编 号				3-2-130	3-2-131	3-2-132	3-2-133	3-2-134	3-2-135
项 目				人工翻晒土料				人工翻晒砂	机械翻晒土料
				含水量(%)					
				20～24		24～30			
				Ⅱ类土	Ⅲ类土	Ⅱ类土	Ⅲ类土		
基 价 (元)				**5066.80**	**6115.60**	**5241.60**	**6290.40**	**3151.20**	**954.57**
其中	人 工 费 (元)			5066.80	6115.60	5241.60	6290.40	3151.20	218.40
	材 料 费 (元)			－	－	－	－	－	－
	机 械 费 (元)			－	－	－	－	－	736.17
名 称		单位	单价(元)	消		耗		量	
人工	人工	工日	40.00	126.67	152.89	131.04	157.26	78.78	5.46
机械	履带式拖拉机 75kW	台班	751.27	－	－	－	－	－	0.560
	履带式推土机 75kW	台班	785.32	－	－	－	－	－	0.370
	其他机械费	%	－	－	－	－	－	－	3.500

二、石方工程

1. 一般石方开挖

工作内容:1. 选孔位、钻孔、清孔、吹孔。2. 爆破材料检查、领运。3. 炮孔的检查清理、装药、堵塞炮口、放炮安全警戒。4. 检查爆破效果、处理瞎炮、余料退库。5. 修理钢钎、钻头。

单位:100m³ 自然方

定　额　编　号				3-2-136	3-2-137	3-2-138	3-2-139	3-2-140	3-2-141	3-2-142	3-2-143
项　　　目				机械钻孔				人工打孔			
				软石	次坚石	普坚石	特坚石	软石	次坚石	普坚石	特坚石
基　　价　　(元)				**1089.99**	**1616.85**	**2530.15**	**3488.02**	**1175.09**	**1512.91**	**2507.41**	**3722.21**
其 中	人　工　费　(元)			220.00	306.00	448.40	594.40	866.00	1156.80	2064.80	3189.20
	材　料　费　(元)			319.47	403.76	535.69	694.91	309.09	356.11	442.61	533.01
	机　械　费　(元)			550.52	907.09	1546.06	2198.71	—	—	—	—
名　　　　称	单位	单价(元)		消　　　耗　　　量							
人工	综合工日	工日	40.00	5.50	7.65	11.21	14.86	21.65	28.92	51.62	79.73
材 料	硝铵炸药	kg	6.39	23.000	27.000	33.000	39.000	25.000	28.000	35.000	42.000
	非电雷管	个	1.50	33.000	38.000	46.000	55.000	60.000	69.000	85.000	103.000
	母线	m	0.67	42.000	50.000	60.000	71.000	52.000	59.000	73.000	88.000

单位:100m³ 自然方

定 额 编 号			3-2-136	3-2-137	3-2-138	3-2-139	3-2-140	3-2-141	3-2-142	3-2-143
项 目			机械钻孔				人工打孔			
			软石	次坚石	普坚石	特坚石	软石	次坚石	普坚石	特坚石
材 料	合金钻头 φ38	个	30.00	1.190	1.750	2.650	4.050	–	–	–	–
	中空六角钢	kg	10.00	1.900	2.800	4.200	6.400	–	–	–	–
	角钢	kg	3.50	–	–	–	–	2.000	4.000	5.000	6.000
	高压胶皮风管 1″×18×6	m	34.00	0.140	0.230	0.390	0.560	–	–	–	–
	高压胶皮水管 3/4″×18×6	m	34.00	0.220	0.380	0.650	0.920	–	–	–	–
	水	m³	4.00	2.460	4.160	7.110	10.120	–	–	–	–
	其他材料费	%	–	6.000	6.000	6.000	6.000	6.000	6.000	6.000	6.000
机 械	凿岩机 气腿式	台班	195.17	1.180	2.000	3.410	4.850	–	–	–	–
	风动锻钎机	台班	296.77	0.050	0.070	0.110	0.160	–	–	–	–
	磨钎机	台班	60.61	0.190	0.260	0.390	0.600	–	–	–	–
	内燃空气压缩机 12m³/min 以内	台班	716.74	0.410	0.670	1.150	1.630	–	–	–	–

2. 沟槽石方开挖(机械钻孔)

工作内容:1. 选孔位、钻孔、清孔、吹孔。2. 爆破材料检查、领运。3. 炮孔的检查清理、装药、堵塞炮口、放炮安全警戒。4. 检查爆破效果、处理瞎炮、余料退库。5. 修理钢钎、钻头。6. 传递石碴到沟槽口地面1m以外。

单位:100m³ 自然方

定　额　编　号			3-2-144	3-2-145	3-2-146	3-2-147	3-2-148	3-2-149	3-2-150	3-2-151
项　　目			底宽1m以内				底宽2m以内			
			软石	次坚石	普坚石	特坚石	软石	次坚石	普坚石	特坚石
基　价　(元)			10964.44	16151.82	23926.94	31484.52	7257.72	10369.32	15286.46	19863.94
其中	人　工　费　(元)		3167.20	4145.20	5656.40	7036.00	2232.40	2869.20	3850.40	4742.80
	材　料　费　(元)		2782.71	3828.16	4997.41	6421.04	1813.53	2254.08	2889.40	3596.84
	机　械　费　(元)		5014.53	8178.46	13273.13	18027.48	3211.79	5246.04	8546.66	11524.30
名　　　称	单位	单价(元)	消　　　　耗　　　　量							
人工 综合工日	工日	40.00	79.18	103.63	141.41	175.90	55.81	71.73	96.26	118.57
材料 硝铵炸药	kg	6.39	163.200	205.800	256.800	323.400	94.200	108.000	126.600	144.000
非电雷管	个	1.50	396.000	554.000	645.000	735.000	313.000	361.000	421.000	480.000
母线	m	0.67	377.000	528.000	615.000	701.000	299.000	344.000	402.000	458.000
合金钻头 φ38	个	30.00	10.700	15.500	22.400	32.900	6.200	8.900	12.900	18.800
中空六角钢	kg	10.00	19.200	28.000	40.800	60.000	11.200	16.000	23.200	34.400
高压胶皮风管 1″×18×6	m	34.00	1.600	2.480	4.080	5.500	1.000	1.590	2.620	3.530
高压胶皮水管 3/4″×18×6	m	34.00	2.480	4.060	6.670	9.010	1.580	2.610	4.280	5.780
水	m³	4.00	27.260	44.670	73.360	99.060	17.420	28.710	47.100	63.500
其他材料费	%	—	5.000	5.000	5.000	5.000	5.000	5.000	5.000	5.000
机械 凿岩机 气腿式	台班	195.17	11.700	19.200	31.500	42.500	7.500	12.300	20.200	27.300
风动锻钎机	台班	296.77	0.500	0.700	1.000	1.500	0.300	0.510	0.730	0.900
磨钎机	台班	60.61	1.900	2.800	4.100	5.900	1.200	1.800	2.600	3.800
内燃空气压缩机 9m³/min 以内	台班	587.50	4.200	6.900	11.200	15.200	2.700	4.400	7.200	9.700

工作内容:1.选孔位、钻孔、清孔、吹孔。2.爆破材料检查、领运。3.炮孔的检查清理、装药、堵塞炮口、放炮安全警戒。4.检查爆破效果、处理瞎炮、余料退库。5.修理钢钎、钻头。6.传递石碴到沟槽口地面1m以外。

单位:100m³ 自然方

定 额 编 号			3-2-152	3-2-153	3-2-154	3-2-155	3-2-156	3-2-157	3-2-158	3-2-159
项 目			底宽3m以内				底宽7m以内			
			软石	次坚石	普坚石	特坚石	软石	次坚石	普坚石	特坚石
基 价 (元)			**4546.13**	**6320.53**	**9423.41**	**11753.05**	**2567.04**	**3494.93**	**4831.06**	**6150.70**
其中	人 工 费 (元)		1484.80	1836.80	2375.20	2871.20	1018.00	1223.60	1441.60	1678.00
	材 料 费 (元)		1299.54	1598.33	2029.13	2503.10	665.30	817.51	1034.90	1274.79
	机 械 费 (元)		1761.79	2885.40	5019.08	6378.75	883.74	1453.82	2354.56	3197.91
名 称	单位	单价(元)	消			耗			量	
人工 综合工日	工日	40.00	37.12	45.92	59.38	71.78	25.45	30.59	36.04	41.95
材料 硝铵炸药	kg	6.39	86.000	99.000	116.000	132.000	43.000	49.500	58.000	66.000
非电雷管	个	1.50	157.000	181.000	211.000	240.000	88.000	102.000	119.000	135.000
母线	m	0.67	250.000	287.000	336.000	382.000	125.000	144.000	168.000	191.000
合金钻头 $\phi38$	个	30.00	4.440	6.410	9.340	13.610	2.200	3.200	4.700	6.800
中空六角钢	kg	10.00	7.100	10.000	15.000	22.000	4.300	6.000	9.000	13.200
高压胶皮风管 $1'' \times 18 \times 6$	m	34.00	0.500	0.830	1.360	1.830	0.220	0.370	0.600	0.820
高压胶皮水管 $3/4'' \times 18 \times 6$	m	34.00	0.820	1.350	2.220	3.000	0.350	0.610	0.990	1.340
水	m³	4.00	9.010	14.850	24.430	32.990	3.680	5.870	9.720	13.110
其他材料费	%	–	5.000	5.000	5.000	5.000	5.000	5.000	5.000	5.000
机械 凿岩机 气腿式	台班	195.17	4.370	7.200	11.850	15.990	2.050	3.270	5.400	7.280
风动锻钎机	台班	296.77	0.170	0.250	0.370	0.550	0.070	0.100	0.150	0.210
磨钎机	台班	60.61	0.690	1.000	1.450	2.110	0.270	0.560	0.660	0.860
内燃空气压缩机 9m³/min 以内	台班	587.50	1.390	2.290	4.270	5.050	0.760	1.280	2.070	2.830

3. 沟槽石方开挖（人工打孔）

工作内容: 1. 选孔位、钻孔、清孔、吹孔。2. 爆破材料检查、领运。3. 炮孔的检查清理、装药、堵塞炮口、放炮安全警戒。4. 检查爆破效果、处理瞎炮、余料退库。5. 修理钢钎、钻头。6. 传递石碴到沟槽口地面1m以外。

单位：100m³ 自然方

定 额 编 号			3-2-160	3-2-161	3-2-162	3-2-163	3-2-164	3-2-165	3-2-166	3-2-167
项 目			底宽1m以内				底宽3m以内			
			软石	次坚石	普坚石	特坚石	软石	次坚石	普坚石	特坚石
基 价 （元）			**11378.66**	**20589.12**	**33335.53**	**55653.08**	**4092.48**	**6721.86**	**10566.97**	**16891.40**
其中	人 工 费 （元）		9266.00	17767.60	29855.60	51350.80	3028.00	5477.60	9076.80	15144.80
	材 料 费 （元）		2112.66	2821.52	3479.93	4302.28	1064.48	1244.26	1490.17	1746.60
	机 械 费 （元）		－	－	－	－	－	－	－	－
名 称	单位	单价（元）	消 耗 量							
人工 综合工日	工日	40.00	231.65	444.19	746.39	1283.77	75.70	136.94	226.92	378.62
材料 硝铵炸药	kg	6.39	163.200	205.800	256.800	323.400	86.000	99.000	116.000	132.000
非电雷管	个	1.50	396.000	554.000	645.000	735.000	157.000	181.000	211.000	240.000
母线	m	0.67	377.000	528.000	615.000	701.000	250.000	287.000	336.000	382.000
中空六角钢	kg	10.00	19.200	28.000	40.800	60.000	7.100	10.000	15.000	22.000
其他材料费	%	－	1.500	1.500	1.500	1.500	4.000	4.000	4.000	4.000

工作内容：1.选孔位、钻孔、清孔、吹孔。2.爆破材料检查、领运。3.炮孔的检查清理、装药、堵塞炮口、放炮安全警戒。4.检查爆破效果、处理瞎炮、余料退库。5.修理钢钎、钻头。6.传递石碴到沟槽口地面1m以外。

单位：100m³ 自然方

定 额 编 号			3-2-168	3-2-169	3-2-170	3-2-171
项 目			底宽7m以内			
			软石	次坚石	普坚石	特坚石
基 价 （元）			**2078.03**	**3454.36**	**5261.65**	**8448.23**
其中	人 工 费 （元）		1491.60	2766.00	4434.80	7475.60
	材 料 费 （元）		586.43	688.36	826.85	972.63
	机 械 费 （元）		－	－	－	－
名 称	单位	单价（元）	消 耗 量			
人工 综合工日	工日	40.00	37.29	69.15	110.87	186.89
材料 硝铵炸药	kg	6.39	43.000	49.500	58.000	66.000
非电雷管	个	1.50	88.000	102.000	119.000	135.000
母线	m	0.67	125.000	144.000	168.000	191.000
中空六角钢	kg	10.00	4.260	6.000	9.000	13.200
其他材料费	%	－	10.000	10.000	10.000	10.000

4. 坡面、保护层石方开挖

工作内容：1. 选孔位、钻孔、清孔、吹孔。2. 爆破材料的检查、领运。3. 炮孔的检查清理、装药、堵塞炮口、放炮安全警戒。4. 检查爆破效果、处理瞎炮、余料退库。5. 修理钢钎、钻头。6. 撬移、解小、翻渣、清面。

单位：100m³ 自然方

定 额 编 号			3-2-172	3-2-173	3-2-174	3-2-175	3-2-176	3-2-177	3-2-178	3-2-179
项 目			坡面石方开挖				保护层石方开挖			
			软石	次坚石	普坚石	特坚石	软石	次坚石	普坚石	特坚石
基 价 （元）			**2191.22**	**2860.94**	**3744.87**	**4259.99**	**3633.71**	**4586.43**	**6079.74**	**8315.90**
其中	人 工 费 （元）		650.00	780.00	938.40	1004.80	1638.80	1924.00	2322.40	2874.80
	材 料 费 （元）		386.08	501.30	654.34	822.34	1243.62	1488.57	1794.97	2190.86
	机 械 费 （元）		1155.14	1579.64	2152.13	2432.85	751.29	1173.86	1962.37	3250.24
名 称	单位	单价（元）	消 耗 量							
人工 综合工日	工日	40.00	16.25	19.50	23.46	25.12	40.97	48.10	58.06	71.87
材料 硝铵炸药	kg	6.39	23.000	29.000	36.000	43.000	46.000	55.000	65.000	76.000
非电雷管	个	1.50	41.000	48.000	58.000	69.000	362.000	413.000	474.000	548.000
母线	m	0.67	58.800	69.300	83.300	99.400	385.700	440.300	506.800	585.200
合金钻头 φ38	个	30.00	1.270	1.930	2.980	4.550	2.880	4.390	6.310	8.930
中空六角钢	kg	10.00	2.000	3.100	4.700	7.200	0.970	1.500	2.500	4.200
高压胶皮风管 1″×18×6	m	34.00	0.340	0.450	0.610	0.690	0.210	0.330	0.540	0.920
高压胶皮水管 3/4″×18×6	m	34.00	0.530	0.750	1.010	1.130	0.340	0.550	0.900	1.510
水	m³	4.00	5.900	8.220	11.090	12.430	3.770	6.000	9.820	16.560
其他材料费	%	–	7.500	7.500	7.500	7.500	1.500	1.500	1.500	1.500
机械 凿岩机 气腿式	台班	195.17	2.680	3.740	5.040	5.650	1.710	2.730	4.640	7.520
风动锻钎机	台班	296.77	0.050	0.070	0.110	0.160	0.080	0.130	0.210	0.360
磨钎机	台班	60.61	0.200	0.300	0.420	0.710	0.100	0.150	0.220	0.410
内燃空气压缩机 9m³/min 以内	台班	587.50	1.030	1.380	1.890	2.110	0.660	1.010	1.670	2.810

注：1. 坡面开挖坡度小于45°和厚度大于3m 时，按一般石方开挖计算。2. 保护层石方开挖系指开挖接近设计线，一次钻孔深度在1m 以内的坝基石方。

5. 基坑石方开挖

工作内容：1. 选孔位、钻孔、清孔、吹孔。2. 爆破材料检查、领运。3. 炮孔的检查清理、装药、堵塞炮口、放炮安全警戒。4. 检查爆破效果、处理瞎炮、余料退库。5. 修理钢钎、钻头。

单位：100m³ 自然方

定 额 编 号			3-2-180	3-2-181	3-2-182	3-2-183	3-2-184	3-2-185	3-2-186	3-2-187
项 目			上口面积4m² 内				上口面积10m² 内			
			软石	次坚石	普坚石	特坚石	软石	次坚石	普坚石	特坚石
基 价 （元）			**6864.57**	**12313.13**	**20324.06**	**28620.04**	**4144.45**	**7203.83**	**11777.64**	**16353.75**
其中	人 工 费 （元）		1986.40	3004.40	4478.40	5892.40	1416.00	2001.60	2846.80	3657.20
	材 料 费 （元）		1895.29	2993.82	4191.09	5763.75	1019.25	1624.24	2337.80	3128.89
	机 械 费 （元）		2982.88	6314.91	11654.57	16963.89	1709.20	3577.99	6593.04	9567.66
名 称	单位	单价（元）	消		耗		量			
人工	综合工日	工日	40.00	49.66	75.11	111.96	147.31	35.40	50.04	71.17	91.43
材料	硝铵炸药	kg	6.39	138.000	202.000	268.000	327.000	78.000	115.000	151.000	185.000
	非电雷管	个	1.50	202.000	295.000	391.000	476.000	92.000	135.000	179.000	218.000
	母线	m	0.67	234.000	342.000	452.000	552.000	107.000	157.000	207.000	252.000
	合金钻头 φ38	个	30.00	7.150	13.060	21.610	33.770	4.030	7.400	12.210	19.070
	中空六角钢	kg	10.00	11.000	21.000	34.000	54.000	6.400	12.000	19.000	30.000
	高压胶皮风管 1″×18×6	m	34.00	0.810	1.690	2.370	4.560	0.450	0.960	1.780	2.570
	高压胶皮水管 3/4″×18×6	m	34.00	1.320	2.770	3.870	7.460	0.740	1.570	2.910	4.210
	水	m³	4.00	14.490	30.470	42.570	82.030	8.160	17.250	32.020	46.290
	其他材料费	%	－	5.500	5.500	5.500	5.500	5.500	5.500	5.500	5.500
机械	凿岩机 气腿式	台班	195.17	6.290	13.850	25.740	37.290	3.710	7.840	14.550	21.040
	风动锻钎机	台班	296.77	0.280	0.520	0.860	1.340	0.160	0.290	0.490	0.760
	磨钎机	台班	60.61	1.100	1.820	3.020	4.720	0.570	1.030	1.700	2.660
	内燃空气压缩机 12m³/min 以内	台班	716.74	2.240	4.670	8.640	12.560	1.260	2.650	4.890	7.080

工作内容: 1.选孔位、钻孔、清孔、吹孔。2.爆破材料检查、领运。3.炮孔的检查清理、装药、堵塞炮口、放炮安全警戒。4.检查爆破效果、处理瞎炮、余料退库。5.修理钢钎、钻头。

单位:100m³ 自然方

定 额 编 号				3-2-188	3-2-189	3-2-190	3-2-191
项 目				上口面积20m² 内			
				软石	次坚石	普坚石	特坚石
基 价 (元)				**3131.02**	**5243.27**	**8415.95**	**11598.43**
其中	人 工 费 (元)			1214.00	1630.00	2230.00	2807.60
	材 料 费 (元)			746.18	1174.30	1688.95	2255.40
	机 械 费 (元)			1170.84	2438.97	4497.00	6535.43
名 称		单位	单价(元)	消 耗 量			
人工	综合工日	工日	40.00	30.35	40.75	55.75	70.19
材料	硝铵炸药	kg	6.39	53.000	78.000	103.000	126.000
	非电雷管	个	1.50	94.000	138.000	182.000	223.000
	母线	m	0.67	73.000	106.000	141.000	172.000
	合金钻头 $\phi38$	个	30.00	2.750	5.040	8.320	12.990
	中空六角钢	kg	10.00	4.600	8.000	13.000	21.000
	高压胶皮风管 1″×18×6	m	34.00	0.310	0.650	1.210	1.750
	高压胶皮水管 3/4″×18×6	m	34.00	0.510	1.070	1.980	2.870
	水	m³	4.00	5.580	11.740	21.800	31.540
	其他材料费	%	—	5.500	5.500	5.500	5.500
机械	凿岩机 气腿式	台班	195.17	2.540	5.340	9.910	14.370
	风动锻钎机	台班	296.77	0.110	0.200	0.330	0.520
	磨钎机	台班	60.61	0.430	0.780	1.290	2.010
	内燃空气压缩机 12m³/min 以内	台班	716.74	0.860	1.800	3.330	4.820

6. 人工运石

工作内容: 1. 撬移、解小、扒渣。2. 装渣、运渣、卸渣。3. 工具小修、搭拆临时跳板等。

单位:100m³ 自然方

定 额 编 号			3-2-192	3-2-193	3-2-194	3-2-195
项 目			人工挑(抬)		手推车	
			运距(m)			
			<20	100 每增运 20	<50	500 每增运 50
基 价 （元）			**1953.60**	**357.60**	**1767.60**	**231.20**
其 中	人 工 费 （元）		1953.60	357.60	1767.60	231.20
	材 料 费 （元）		–	–	–	–
	机 械 费 （元）		–	–	–	–
名 称	单位	单价(元)	消 耗 量			
人 工	综合工日	工日	40.00	48.84	8.94	44.19	5.78

7. 人工装、机械运石

工作内容:1.装渣、运渣、卸渣、平渣。2.摆放移车器,拨道、道路养护。

单位:100m³ 自然方

定 额 编 号				3-2-196	3-2-197	3-2-198	3-2-199	3-2-200	3-2-201	3-2-202
项 目				人工装,轻轨斗车运(斗容 m³)				人工装,手扶拖拉机运		人工装汽车
				0.6		1.0				
				运输距离(m)						
				<100	每增运100	<100	每增运100			
基 价 (元)				**2784.40**	**1.84**	**2786.24**	**2.18**	**4387.25**	**141.58**	**2775.20**
其中	人 工 费 (元)			2775.20	–	2775.20	–	2775.20	–	2775.20
	材 料 费 (元)			–	–	–	–	–	–	–
	机 械 费 (元)			9.20	1.84	11.04	2.18	1612.05	141.58	–
名 称		单位	单价(元)	消 耗 量						
人工	综合工日	工日	40.00	69.38	–	69.38	–	69.38	–	69.38
机械	轮式拖拉机 21kW	台班	248.39	–	–	–	–	6.490	0.570	–
	其他机械费	元	1.00	9.200	1.840	11.040	2.180	–	–	–

8. 机械挖运石方

(1) 推土机推石渣

工作内容:1. 推渣、弃渣、平整。2. 工作面内道路养护及排水。

单位:1000m³ 自然方

定 额 编 号			3-2-203	3-2-204	3-2-205	3-2-206
项 目			推石渣距离(m)			
			75kW		90kW	
			<20	每增运10	<20	每增运10
基 价 (元)			**5431.13**	**1641.32**	**5875.07**	**1749.69**
其 中	人 工 费 (元)		334.40	-	334.40	-
	材 料 费 (元)		-	-	-	-
	机 械 费 (元)		5096.73	1641.32	5540.67	1749.69
名 称	单位	单价(元)	消 耗 量			
人工 综合工日	工日	40.00	8.36	-	8.36	-
机械 履带式推土机 75kW	台班	785.32	6.490	2.090	-	-
履带式推土机 90kW	台班	883.68	-	-	6.270	1.980

·49·

（2）挖掘机挖石渣

工作内容:挖渣、就地弃渣或装车、平整、工作面排水及场内道路维护。

单位:1000m³ 自然方

定 额 编 号					3-2-207	3-2-208	3-2-209	3-2-210
项 目					不装车		装车	
					斗容量			
					0.6	1	0.6	1
基 价 （元）					**9987.67**	**8162.07**	**11133.79**	**10352.02**
其中	人 工 费 （元）				334.40	334.40	334.40	334.40
	材 料 费 （元）				－	－	－	－
	机 械 费 （元）				9653.27	7827.67	10799.39	10017.62
	名 称	单位	单价（元）		消 耗 量			
人工	综合工日	工日	40.00		8.36	8.36	8.36	8.36
机械	履带式单斗挖掘机(液压) 0.6m³	台班	683.41		6.160	－	3.570	－
	履带式单斗挖掘机(液压) 1m³	台班	1039.58		－	4.070	－	4.400
	履带式推土机 90kW	台班	883.68		6.160	4.070	9.460	6.160

（3）装载机装运石渣

工作内容:铲渣、运渣,人力清理机下余渣。

单位:1000m³ 自然方

定 额 编 号				3-2-211	3-2-212	3-2-213	3-2-214
项 目				不装车		装车	
				20m 以内	60m 以内	20m 以内	60m 以内
				斗容量			
				1		1.5	
基 价 (元)				**3359.21**	**5749.67**	**2965.28**	**4730.94**
其中	人 工 费 (元)			316.80	316.80	316.80	316.80
	材 料 费 (元)			–	–	–	–
	机 械 费 (元)			3042.41	5432.87	2648.48	4414.14
名 称		单位	单价(元)	消 耗 量			
人工	综合工日	工日	40.00	7.92	7.92	7.92	7.92
机械	轮胎式装载机 1m³	台班	658.53	4.620	8.250	–	–
	轮胎式装载机 1.5m³	台班	729.61	–	–	3.630	6.050

（4）自卸汽车运石渣

工作内容：运渣、卸渣、场内行驶道路洒水养护。

单位：1000m³ 自然方

定　额　编　号			3-2-215	3-2-216	3-2-217	3-2-218	3-2-219	3-2-220	3-2-221	3-2-222
项　目			8t 自卸汽车		10t 自卸汽车		12t 自卸汽车		15t 自卸汽车	
			运距（km）							
			<1	每增0.5	<1	每增0.5	<1	每增0.5	<1	每增0.5
基　　　价（元）			13163.90	1383.99	12672.79	1328.54	11420.23	1142.00	13358.30	1145.71
其中	人　工　费（元）		－	－	－	－	－	－	－	－
	材　料　费（元）		55.20	－	55.20	－	55.20	－	55.20	－
	机　械　费（元）		13108.70	1383.99	12617.59	1328.54	11365.03	1142.00	13303.10	1145.71
名　称	单位	单价（元）	消　　　　耗　　　　量							
材料 水	m³	4.00	13.800	－	13.800	－	13.800	－	13.800	－
机 自卸汽车 8t	台班	631.96	20.360	2.190	－	－	－	－	－	－
自卸汽车 10t	台班	722.03	－	－	17.140	1.840	－	－	－	－
自卸汽车 12t	台班	761.33	－	－	－	－	14.610	1.500	－	－
自卸汽车 15t	台班	996.27	－	－	－	－	－	－	13.110	1.150
械 洒水车 4000L	台班	417.24	0.580	－	0.580	－	0.580	－	0.580	－

· 52 ·

第三章　筑坝工程

说　明

一、土石坝工程及黏土心(斜)墙的筑坝材料设计有规格要求需进行加工者,按材料预算价格处理;不需加工者按土、石方工程有关规定执行;砂砾料的开挖定额按Ⅲ类土计算,其运输定额按Ⅳ类土计算;风化砂砾料的开挖及运输定额按软石($f=1.5~4$)计算。

二、土石坝(包括砂砾料坝、风化石坝)及黏土心(斜)墙的基价只考虑铺筑碾压的费用,未包括材料费,其材料费按本说明第一条处理。

三、土石坝筑坝材料的计量单位取为:

均质土坝、黏土心(斜)墙坝、尾矿砂堆坝均为自然方。

风化石坝和堆石坝、砂砾料坝均为松方。

干砌、浆砌块石坝为码方,浆砌条石坝为实方。

四、筑坝材料预算量的计算系根据土、石材料的运输和坝上操作损耗系数(包括削坡、沉陷、雨后清理等损耗系数)以及实方(即坝上成品方)与筑坝材料的自然方(或松方)的折算系数来计算材料预算量。

计算公式:

$$每100m^3坝体实方所需材料自然方(或松方)=100×\frac{自然方(或松方)系数}{实方系数}(1+材料损耗系数)$$

上述计算系数应根据施工现场实测数据取定。如无实测数据可参照本定额附录中土、石方虚实系数及材料的损耗系数取定。

五、砌石坝的石料规格标准:

1.块石:不经过加工的,每块体积一般应大于 $0.032m^3$,厚度不得小于 $0.2m$,长度不大于厚度的 $3 \sim 4$ 倍,宽度小于厚度的 2 倍。

2.条石:经过粗加工的,一般为长条形。长度 60cm 以上,厚度为 $25 \sim 50cm$,宽度为 $20 \sim 40cm$,四棱方正。

六、塑料排渗管管件主材费用按实际发生量计算,其安装费用已包含在排渗管安装费中;排渗管的管件计算按照尾矿输送管道说明执行;排渗管实际管径与定额中管径不同时,其管材可以换算,但安装工日及施工机械台班不变。

七、土工布反滤层按幅宽 2m 的拼缝土工布计算,如实际幅宽不同时,可按比例换算人工、材料及机械台班,其他费用不变。

一、坝体填筑

1. 机械筑土坝

工作内容:推地机平土,机械压实蛙夯补夯,以及各种辅助工作。

单位:100m³ 实方

定 额 编 号			3-3-1	3-3-2	3-3-3	3-3-4	3-3-5	3-3-6
项 目			干容重(t/m³)					
			<1.7			>1.7		
			土壤级别					
			Ⅰ、Ⅱ	Ⅲ	Ⅳ	Ⅰ、Ⅱ	Ⅲ	Ⅳ
基 价 (元)			**280.34**	**285.94**	**288.24**	**296.38**	**304.77**	**307.22**
其中	人 工 费 (元)		126.00	126.00	126.00	138.40	138.40	138.40
	材 料 费 (元)		—	—	—	—	—	—
	机 械 费 (元)		154.34	159.94	162.24	157.98	166.37	168.82
名 称	单位	单价(元)	消 耗 量					
人工	综合工日	工日	40.00	3.15	3.15	3.15	3.46	3.46	3.46
材料	均质土	m³	—	(128.000)	(128.000)	(128.000)	(128.000)	(128.000)	(128.000)
	其他材料费	%	—	1.000	1.000	1.000	1.000	1.000	1.000
	羊足碾(双筒)6t内	台班	—	(0.488)	(0.588)	(0.638)	(0.388)	(0.716)	(0.762)
	羊足碾(双筒)12t内	台班	—	(0.230)	(0.307)	(0.337)	(0.279)	(0.394)	(0.427)
	轮胎碾9~16t	台班	—	(0.168)	(0.168)	(0.168)	(0.168)	(0.168)	(0.168)
	履带式拖拉机75kW	台班	—	(0.332)	(0.441)	(0.487)	—	(0.568)	(0.616)
机械	羊足碾(双筒)9t内	台班	69.95	0.242	0.322	0.355	0.294	0.414	0.449
	履带式推土机75kW	台班	785.32	0.168	0.168	0.168	0.168	0.168	0.168
	蛙式打夯机	台班	23.82	0.230	0.230	0.230	0.230	0.230	0.230

注:1.带括号的压实机械台班定额,只能选用其中一项(本基价采用羊足碾9t以内)。2.当选用9~16t汽胎碾压时,必须配备75kW拖拉机
牵引6t羊足碾(0.168台班)作刨毛之用。

2. 人工筑土坝

工作内容:平土、扫土、打土、打夯、刨毛、拣杂物等。

单位:100m³ 实方

定 额 编 号			3-3-7	3-3-8	3-3-9	3-3-10	3-3-11	3-3-12	3-3-13	3-3-14
项 目			填土面积 15m² 以上				填土面积 15m² 以内			
			干容重(t/m³)							
			1.65		1.60		1.65		1.60	
			铺土	不铺土	铺土	不铺土	铺土	不铺土	铺土	不铺土
基 价 (元)			**3432.80**	**2753.60**	**2593.60**	**1931.20**	**4575.20**	**3718.40**	**3203.20**	**2571.20**
其中	人 工 费 (元)		3432.80	2753.60	2593.60	1931.20	4575.20	3718.40	3203.20	2571.20
	材 料 费 (元)		-	-	-	-	-	-	-	-
	机 械 费 (元)		-	-	-	-	-	-	-	-
名 称	单位	单价(元)	消 耗 量							
人工 综合工日	工日	40.00	85.82	68.84	64.84	48.28	114.38	92.96	80.08	64.28
材料 均质土	m³	-	(126.000)	(126.000)	(126.000)	(126.000)	(126.000)	(126.000)	(126.000)	(126.000)
其他材料费	%	-	1.000	1.000	1.000	1.000	1.000	1.000	1.000	1.000

3. 机械筑堆石坝、砂砾料坝、风化石坝、混合坝

工作内容:推土机平料,机械压实,以及边坡修整等各种辅助工作。

单位:100m³ 实方

定 额 编 号			3-3-15	3-3-16	3-3-17	3-3-18
项 目			堆石坝	砂砾料坝	风化石坝	混合坝
基 价 (元)			**399.24**	**427.78**	**510.40**	**510.40**
其中	人 工 费 (元)		129.60	129.60	129.60	129.60
	材 料 费 (元)		–	–	–	–
	机 械 费 (元)		269.64	298.18	380.80	380.80
名 称	单位	单价(元)	消 耗 量			
人工 综合工日	工日	40.00	3.24	3.24	3.24	3.24
材料 毛石	m³	–	(122.000)	–	–	(56.000)
天然级配砂石	m³	–	–	(120.000)	–	(34.000)
化风料(松方)	m³	–	–	–	(120.000)	(32.000)
其他材料费	%	–	1.000	1.000	1.000	1.000
机械 履带式拖拉机 75kW	台班	751.27	0.176	0.214	0.161	0.161
光轮压路机(内燃) 15t	台班	549.01	–	–	0.223	0.223
履带式推土机 75kW	台班	785.32	0.168	0.168	0.168	0.168
蛙式打夯机	台班	23.82	0.230	0.230	0.230	0.230

注:混合坝比例应根据材料来源情况组成,本定额用量只供参考。

4. 人工堆筑石坝

工作内容：1. 人工运堆：人工运石（装运、卸100m以内），人工堆石。2. 斗车运人工堆：场内运石，人工堆石。3. 机车人工堆：打旗、翻车、撬石、堆石。

单位：100m³ 实方

定 额 编 号				3-3-19	3-3-20	3-3-21	3-3-22
项 目				人工运堆	手推车运人工堆	轻轨斗车运人工堆	机车运人工堆
基 价 （元）				**2036.80**	**1498.40**	**1126.80**	**227.20**
其 中	人 工 费 （元）			2036.80	1498.40	1126.80	227.20
	材 料 费 （元）			-	-	-	-
	机 械 费 （元）			-	-	-	-
名 称		单位	单价（元）	消 耗 量			
人工	综合工日	工日	40.00	50.92	37.46	28.17	5.68
材料	毛石	m³	-	(127.000)	(127.000)	(127.000)	(127.000)
	其他材料费	%	-	1.000	1.000	1.000	1.000

注：均未包括石料场外运输。

5. 机械筑尾砂坝

工作内容:1.人工挖装尾矿砂、小平车或双胶轮车运砂,推土机平料、机械压实、蛙夯补夯以及各种辅助工作。2.推土机推运尾砂、造子坝、平整、压实、人工修理边坡及各项辅助工作。

单位:100m³ 实方

定　额　编　号			3-3-23	3-3-24	3-3-25	3-3-26
项　　目			人工堆筑、机械碾压		推土机堆筑	
			干容重(t/m³)		运距60m	每增减10m
			<1.7	>1.7		
基　　价　(元)			**2068.26**	**2143.91**	**1203.09**	**199.30**
其中	人　工　费　(元)		1666.40	1681.20	36.00	–
	材　料　费　(元)		–	–	–	–
	机　械　费　(元)		401.86	462.71	1167.09	199.30
名　　称	单位	单价(元)	消　　耗　　量			
人工 综合工日	工日	40.00	41.66	42.03	0.90	–
材料 尾矿砂(自然方)	m³	–	(117.000)	(117.000)	(117.000)	–
其他材料费	%	–	1.000	1.000	1.000	–
机械 履带式拖拉机 75kW	台班	751.27	0.352	0.433	1.330	0.230
履带式推土机 75kW	台班	785.32	0.168	0.168	–	–
履带式推土机 90kW	台班	883.68	–	–	0.190	0.030
蛙式打夯机	台班	23.82	0.230	0.230	–	–

6.人工堆筑尾砂坝

工作内容：人工挖装尾矿砂、人工挑或小车运。1.铺覆盖层：堆筑砂坝、修坡、洒水、铺土、平土等。2.不铺覆盖层：堆筑砂坝、修坡等。

单位：100m³ 实方

定 额 编 号				3-3-27	3-3-28	3-3-29	3-3-30
项 目				人工挖、装、挑		人工挖、装、小车运	
				运距100m			
				铺土质覆盖层	不铺土质覆盖层	铺土质覆盖层	不铺土质覆盖层
基 价（元）				**2148.40**	**1580.40**	**1188.40**	**239.60**
其中	人 工 费（元）			2148.40	1580.40	1188.40	239.60
	材 料 费（元）			－	－	－	－
	机 械 费（元）			－	－	－	－
名 称		单位	单价（元）	消 耗 量			
人工	综合工日	工日	40.00	53.71	39.51	29.71	5.99
材料	尾矿砂（自然方）	m³	－	(112.000)	(117.000)	(112.000)	(117.000)
	覆盖土（自然方）	m³	－	(5.000)	－	(5.000)	(56.000)
	其他材料费	%	－	1.000	1.000	1.000	1.000

注：小平车运尾矿砂只考虑运距200m 以内，如实际运距超过200m，可按第二章相近子目增加用工。

7. 干砌石坝

工作内容: 挂线、找平、选石、修石、砌筑、填缝、搭拆跳板及材料搬运。

单位:100m³ 砌体方

定 额 编 号				3-3-31	3-3-32
项 目				镶面	腹石
基 价 (元)				**3518.00**	**2333.60**
其中	人 工 费 (元)			3518.00	2333.60
	材 料 费 (元)			-	-
	机 械 费 (元)			-	-
名 称		单位	单价(元)	消 耗 量	
人工	综合工日	工日	40.00	87.95	58.34
材料	块石	m³	-	(121.000)	(121.000)
	其他材料费	%	-	1.000	1.000

8.浆砌石坝

工作内容:挂线、找平、选石、修石、打天地座、打罩口、铺浆、安砌。填缝、混凝土浇筑、振捣、搭拆跳板。　　　　单位:100m³ 砌体方

定　额　编　号			3-3-33	3-3-34	3-3-35	3-3-36	3-3-37	3-3-38
项　　目			砂浆砌镶面石		砂浆切腹石		混凝土砌填腹石	
			块石	条石	块石	条石	块石	条石
基　　价　（元）			**13083.63**	**9269.16**	**11919.63**	**7404.36**	**15289.29**	**15050.09**
其中	人　工　费　（元）		4726.80	5074.40	3562.80	3209.60	5199.20	4960.00
	材　料　费　（元）		8201.45	4116.37	8201.45	4116.37	9675.84	9675.84
	机　械　费　（元）		155.38	78.39	155.38	78.39	414.25	414.25
名　　　称	单位	单价(元)	消　　　耗　　　量					
人工 综合工日	工日	40.00	118.17	126.86	89.07	80.24	129.98	124.00
材料 块石	m³	–	(117.520)	–	(117.520)	–	(83.200)	–
条石（紧方）	m³	–	–	(91.800)	–	(91.800)	–	(91.800)
水泥砂浆 1:1	m³	238.34	34.070	17.100	34.070	17.100	–	–
现浇混凝土 C30－10（碎石）	m³	187.66	–	–	–	–	51.050	51.050
其他材料费	%	–	1.000	1.000	1.000	1.000	1.000	1.000
机械 灰浆搅拌机 200L	台班	69.99	2.220	1.120	2.220	1.120	–	–
滚筒式混凝土搅拌机(电动) 400L	台班	117.90	–	–	–	–	1.830	1.830
混凝土振捣器 插入式	台班	13.89	–	–	–	–	14.290	14.290

注:1.坝体镶面石及填腹石工程量,应根据设计图纸计算,如图纸未明确规定,可参考如下百分比计算:重力坝的镶面石占10%,填腹石占90%,拱坝的镶面石占30%,填腹石占70%。2.材料及半成品提升上坝,可根据施工组织设计所确定的吊运方式按下列附表计算。

附表　浆砌石坝材料提升

单位:100m³

定　额　编　号				3-3-39	3-3-40	3-3-41	3-3-42	3-3-43	3-3-44	3-3-45	3-3-46
项　目				吊运方式							
				斜坡卷扬		塔吊提升			履带式起重机		
				材料名称							
				块石条石	砂浆混凝土	块石	条石	砂浆混凝土	块石	条石	砂浆混凝土
基　　　价　　（元）				**232.91**	**265.94**	**730.96**	**659.68**	**862.47**	**572.96**	**382.18**	**392.60**
其中	人　工　费　（元）			139.60	176.00	178.80	160.80	97.20	127.20	85.20	41.20
	材　料　费　（元）			–	–	–	–	–	–	–	–
	机　械　费　（元）			93.31	89.94	552.16	498.88	765.27	445.76	296.98	351.40
名　称		单位	单价(元)	消　　　　　耗　·　　量							
人工	综合工日	工日	40.00	3.49	4.40	4.47	4.02	2.43	3.18	2.13	1.03
机械	卷扬机(单筒慢速)3t	台班	107.75	0.866	–	–	–	–	–	–	–
	卷扬机(单筒慢速)5t	台班	112.42	–	0.800	–	–	–	–	–	–
	塔式起重机6t	台班	484.35	–	–	1.140	1.030	1.580	–	–	–
	履带式起重机10t	台班	578.91	–	–	–	–	–	0.770	0.513	0.607

二、防渗及排渗设施

1. 机械压实黏土心(斜)墙及土工膜(塑料薄膜)心(斜)墙

工作内容:推土机平土、机械压实、蛙夯补夯以及各种辅助工作。

定 额 编 号			3-3-47	3-3-48	3-3-49	3-3-50
项 目			黏土心(斜)墙		土工膜(塑料薄膜)心(斜)墙	
			心(斜)墙宽度(m)		搭接长度(cm)	
			<10	>10	<20	<30
单 位			100m³ 实方	100m³ 实方	100m²	100m²
基 价 (元)			**523.21**	**491.82**	**921.33**	**945.64**
其中	人 工 费 (元)		200.80	201.60	132.00	128.40
	材 料 费 (元)		–	–	789.33	817.24
	机 械 费 (元)		322.41	290.22	–	–
名 称	单位	单价(元)	消 耗 量			
人工 综合工日	工日	40.00	5.02	5.04	3.30	3.21
材料 黏土	m³	–	(136.000)	(136.000)	–	–
土工布 400g/m²	m²	6.00	–	–	125.290	129.720
其他材料费	%	–	5.000	5.000	5.000	5.000
轮胎碾 9~16t	台班	–	(0.628)	(0.628)	–	–
羊足碾(双筒) 6t内	台班	–	(0.168)	(0.168)	–	–
机械 羊足碾(双筒) 16t内	台班	107.67	1.708	1.409	–	–
履带式推土机 75kW	台班	785.32	0.168	0.168	–	–
蛙式打夯机	台班	23.82	0.276	0.276	–	–

注:1. 带括号的压实机械台班定额,只能选用其中一项(本基价采用羊足碾16t)。2. 当选用9~16t轮胎碾压时,必须配备6t羊足碾(0.168台班)作刨毛用。

2．沥青混凝土斜墙铺筑

工作内容：沥青混凝土配料、加温、拌和、摊铺、碾压等。

单位：100m³

定　额　编　号				3-3-51	3-3-52	3-3-53	3-3-54	3-3-55
				开级配		密级配		岸边接头
项　　目				机械摊铺	人工摊铺	机械摊铺	人工摊铺	
基　　价（元）				106085.78	104002.47	111929.05	110731.60	104934.57
其中	人　工　费　（元）			8462.80	9504.00	9270.40	12057.60	11060.40
	材　料　费　（元）			85326.64	85326.64	86983.47	86983.47	86983.47
	机　械　费　（元）			12296.34	9171.83	15675.18	11690.53	6890.70
名　　　称		单位	单价（元）	消	耗		量	
人工	综合工日	工日	40.00	211.57	237.60	231.76	301.44	276.51
材料	沥青混凝土　中粒式	m³	800.40	103.000	103.000	105.000	105.000	105.000
	其他材料费	%	－	3.500	3.500	3.500	3.500	3.500
机械	烘干机0.25m³	台班	466.91	6.120	6.120	7.800	7.800	7.800
	沥青混凝土拌和机　强迫式	台班	268.64	6.120	6.120	7.800	7.800	7.800
	沥青混凝土摊铺机4t	台班	518.16	6.030	－	7.690	－	－
	振动碾	台班	505.05	6.030	6.030	7.690	7.690	－
	蛙式打夯机	台班	23.82	－	－	－	－	5.320
	卷扬机（单筒快速）2t	台班	133.51	12.170	12.170	15.500	15.500	7.690

3. 沥青混凝土心墙铺筑

工作内容: 模板制作、安装、拆除修理,沥青混凝土配料、加温、拌和、铺筑、夯实。 单位:100m³

定 额 编 号				3-3-56	3-3-57	3-3-58	3-3-59	3-3-60	3-3-61	3-3-62	3-3-63	3-3-64
项 目				夯压式								
				木模心墙平均厚度(cm)								
				20	30	40	50	60	70	80	90	100
基 价 (元)				186027.18	162539.07	150586.54	143562.23	138838.68	135702.15	133112.74	131399.38	129572.23
其中	人 工 费 (元)			48103.60	41078.80	37523.60	35407.60	33994.00	32995.20	32233.20	31725.60	31175.60
	材 料 费 (元)			137398.00	121107.08	112852.71	107944.40	104668.09	102555.58	100749.20	99556.05	98291.51
	机 械 费 (元)			525.58	353.19	210.23	210.23	176.59	151.37	130.34	117.73	105.12
名 称		单位	单价(元)	消			耗			量		
人工	综合工日	工日	40.00	1202.59	1026.97	938.09	885.19	849.85	824.88	805.83	793.14	779.39
材料	沥青混凝土 中粒式	m³	800.40	105.000	105.000	105.000	105.000	105.000	105.000	105.000	105.000	105.000
	中枋	m³	1800.00	24.280	16.220	12.140	9.710	8.090	7.050	6.160	5.570	4.940
	原木	m³	1100.00	1.330	0.890	0.660	0.530	0.440	0.380	0.330	0.300	0.270
	铁钉	kg	6.97	116.500	77.820	58.250	46.600	38.820	33.320	29.130	26.330	23.300
	铁件	kg	5.50	355.250	237.310	177.630	142.100	118.370	101.600	88.810	80.290	71.050
	码钉	kg	4.09	161.550	107.920	80.780	64.620	53.830	48.200	40.390	35.510	32.310
	煤	t	540.00	6.300	6.300	6.300	6.300	6.300	6.300	6.300	6.300	6.300
	其他材料费	%	—	1.000	1.000	1.000	1.000	1.000	1.000	1.000	1.000	1.000
机械	载重汽车 5t	台班	420.46	1.250	0.840	0.500	0.500	0.420	0.360	0.310	0.280	0.250

工作内容:模板制作、安装、拆除修理,沥青混凝土配料、加温、拌和、铺筑、夯实。　　　　　　　　　　　　　　单位:100m³

定　额　编　号			3-3-65	3-3-66	3-3-67	3-3-68	3-3-69	3-3-70	3-3-71	3-3-72	3-3-73
项　目			灌注式								
			木模心墙平均厚度(cm)								
			20	30	40	50	60	70	80	90	100
基　价　(元)			177154.05	153735.12	141826.89	134833.58	130124.54	126927.26	124364.94	122663.26	120848.09
其中	人　工　费　(元)		40351.60	33326.40	29771.20	27655.60	26242.40	25243.20	24481.60	23974.00	23423.60
	材　料　费　(元)		136271.62	120052.00	111843.36	106965.65	103703.78	101531.18	99751.69	98570.35	97318.32
	机　械　费　(元)		530.83	356.72	212.33	212.33	178.36	152.88	131.65	118.91	106.17
名　称	单位	单价(元)	消　　　　　耗　　　　　量								
人工 综合工日	工日	40.00	1008.79	833.16	744.28	691.39	656.06	631.08	612.04	599.35	585.59
材料	沥青混凝土　中粒式	m³	800.40	105.000	105.000	105.000	105.000	105.000	105.000	105.000	105.000	105.000
	中枋	m³	1800.00	24.410	16.300	12.200	9.760	8.130	7.050	6.160	5.570	4.940
	原木	m³	1100.00	1.330	0.890	0.660	0.530	0.440	0.380	0.330	0.300	0.270
	铁钉	kg	6.97	116.500	77.820	58.250	46.600	38.820	33.320	29.130	26.330	23.300
	铁件	kg	5.50	355.250	237.310	177.630	142.100	118.370	101.600	88.810	80.290	71.050
	码钉	kg	4.09	161.550	107.920	80.780	64.620	53.830	46.000	40.390	35.510	32.310
	煤	t	540.00	6.300	6.300	6.300	6.300	6.300	6.300	6.300	6.300	6.300
机械	载重汽车 5t	台班	420.46	1.250	0.840	0.500	0.500	0.420	0.360	0.310	0.280	0.250
	其他机械费	%	—	1.000	1.000	1.000	1.000	1.000	1.000	1.000	1.000

4.沥青混凝土斜墙涂层及接缝处理

工作内容：1.涂层：扫净、人工挑运、涂刷。2.接缝：用红外线加热器或硅碳棒加热沥青混凝土接缝。　　　　单位：100m²

定　额　编　号			3-3-74	3-3-75	3-3-76	3-3-77	3-3-78	3-3-79	3-3-80	3-3-81	3-3-82
项　目			乳化沥青		稀释沥青	热沥青涂层	封闭层	岸边接头		白灰降温涂层	接缝加热
			开级配层面上	密级配层面上	涂层		沥青胶	热沥青胶	再生胶粉沥青胶		
基　　价　（元）			**227.41**	**95.03**	**684.22**	**650.54**	**706.33**	**634.53**	**1311.71**	**71.60**	**25.20**
其中	人　工　费（元）		18.00	11.20	89.20	107.60	143.20	143.20	286.00	71.60	25.20
	材　料　费（元）		209.41	83.83	595.02	542.94	563.13	491.33	1025.71	–	–
	机　械　费（元）		–	–	–	–	–	–	–	–	–
名　　称	单位	单价(元)	消			耗			量		
人工	综合工日	工日	40.00	0.45	0.28	2.23	2.69	3.58	3.58	7.15	1.79	0.63
材料	汽油	kg	6.50	–	–	73.500	–	–	–	–	–	–
	石油沥青	kg	3.30	13.200	5.300	32.000	48.300	47.300	105.000	–	–	–
	水	m³	4.00	40.000	16.000	–	–	–	–	–	–	–
	烧碱	kg	2.80	0.150	0.060	–	–	–	–	–	–	–
	洗衣粉	kg	5.60	0.200	0.080	–	–	–	–	–	–	–
	水玻璃	kg	1.34	0.150	0.060	–	–	–	–	–	–	–
	石油沥青10号	t	3300.00	–	–	–	0.113	0.110	–	–	–	–
	滑石粉	kg	0.30	–	–	–	–	110.000	–	42.000	–	–
	矿粉	kg	0.65	–	–	–	–	–	208.000	–	–	–
	再生胶粉	kg	3.00	–	–	–	–	–	–	296.000	–	–
	石棉粉	kg	2.50	–	–	–	–	–	–	42.000	–	–
	其他材料费	%	–	2.000	2.000	2.000	2.000	2.000	2.000	–	–	–

5. 沥青混凝土运输

(1)人工挑抬运

工作内容: 装、运、卸、清理等。

单位:100m³

定 额 编 号			3-3-83	3-3-84	3-3-85	3-3-86	3-3-87	3-3-88	3-3-89	3-3-90
项 目			运输距离(m)							
			<20	<40	<60	<80	<100	<120	<140	每增运20
基 价 (元)			1062.00	1478.00	1902.40	2336.80	2714.80	3184.40	3572.80	420.40
其 中	人 工 费 (元)		1062.00	1478.00	1902.40	2336.80	2714.80	3184.40	3572.80	420.40
	材 料 费 (元)		-	-	-	-	-	-	-	-
	机 械 费 (元)		-	-	-	-	-	-	-	-
名 称	单位	单价(元)	消 耗 量							
人工 综合工日	工日	40.00	26.55	36.95	47.56	58.42	67.87	79.61	89.32	10.51

（2）人工推胶轮车运

工作内容:装、运、卸、清理等。

单位:100m³

定　额　编　号			3-3-91	3-3-92	3-3-93	3-3-94	3-3-95	3-3-96	3-3-97	3-3-98
项　　　目			运输距离(m)							
			<20	<40	<60	<80	<100	<120	<140	每增运20
基　　　价　（元）			**741.20**	**911.60**	**1079.20**	**1287.60**	**1530.00**	**1635.20**	**1810.40**	**219.20**
其 中	人　工　费　（元）		741.20	911.60	1079.20	1287.60	1530.00	1635.20	1810.40	219.20
	材　料　费　（元）		-	-	-	-	-	-	-	-
	机　械　费　（元）		-	-	-	-	-	-	-	-
名　　　称	单位	单价(元)	消　　　　耗　　　　量							
人 工	综合工日	工日	40.00	18.53	22.79	26.98	32.19	38.25	40.88	45.26	5.48

(3)机动翻斗车运

工作内容:装、运、自卸、人工刮斗、刷油、清理等。

单位:100m³

定 额 编 号				3-3-99	3-3-100	3-3-101	3-3-102	3-3-103	3-3-104	3-3-105	3-3-106
项 目				运输距离(m)							
				<100	<200	<300	<400	<500	<1000	<1500	每增运500
基 价 (元)				**736.32**	**933.50**	**1094.01**	**1216.31**	**1339.69**	**1960.90**	**2395.39**	**513.93**
其 中	人 工 费 (元)			88.00	112.40	140.00	160.40	161.20	236.00	288.00	—
	材 料 费 (元)			—	—	—	—	—	—	—	—
	机 械 费 (元)			648.32	821.10	954.01	1055.91	1178.49	1724.90	2107.39	513.93
名 称		单位	单价(元)	消 耗 量							
人 工	综合工日	工日	40.00	2.20	2.81	3.50	4.01	4.03	5.90	7.20	—
机 械	机动翻斗车1t	台班	147.68	4.390	5.560	6.460	7.150	7.980	11.680	14.270	3.480

(4)手扶式拖拉机

工作内容:装、运、自卸、人工刮斗、刷油、清理等。

单位:100m³

定　额　编　号				3-3-107	3-3-108	3-3-109	3-3-110
项　　目				运输距离(m)			
				<500	<1000	<1500	<2000
基　　价　（元）				**4896.62**	**5666.63**	**6834.06**	**8026.33**
其中	人　工　费　（元）			425.60	425.60	425.60	425.60
	材　料　费　（元）			–	–	–	–
	机　械　费　（元）			4471.02	5241.03	6408.46	7600.73
名　　　称		单位	单价(元)	消　　　耗　　　量			
人工	综合工日	工日	40.00	10.64	10.64	10.64	10.64
机械	轮式拖拉机 21kW	台班	248.39	18.000	21.100	25.800	30.600

6. 反滤层铺设

工作内容：装、运、自卸、人工刮斗、刷油、清理等。

单位：10m³

定 额 编 号			3-3-111	3-3-112	3-3-113	3-3-114
项 目			反滤层			保护层
			砂层	砾(碎)石层	碎(卵)石层	废石渣或天然砂石
基 价 （元）			**797.50**	**805.15**	**873.10**	**797.55**
其中	人 工 费 （元）		308.40	305.20	317.60	297.60
	材 料 费 （元）		489.10	499.95	555.50	499.95
	机 械 费 （元）		－	－	－	－
名 称	单位	单价（元）	消 耗 量			
人工 综合工日	工日	40.00	7.71	7.63	7.94	7.44
材料 细砂	m³	42.00	11.530	－	－	－
砾石 20~40mm	m³	45.00	－	11.000	－	－
碎石 80mm	m³	50.00	－	－	11.000	－
片石	m³	45.00	－	－	－	11.000
其他材料费	%	－	1.000	1.000	1.000	1.000

7. 土工布反滤层铺设
(1)土工布缝制

工作内容:裁剪布料,缝制土工布。

单位:10m²

定 额 编 号				3-3-115	3-3-116	3-3-117	3-3-118	3-3-119	3-3-120
项 目				手工缝制			机械缝制		
				搭接宽度(cm)					
				<10	<20	<30	<10	<20	<30
基 价 (元)				**320.61**	**350.51**	**336.00**	**333.03**	**358.84**	**358.46**
其 中	人 工 费 (元)			242.80	258.00	238.40	134.80	143.20	132.40
	材 料 费 (元)			77.81	92.51	97.60	187.54	204.02	215.66
	机 械 费 (元)			–	–	–	10.69	11.62	10.40
名 称	单位	单价(元)		消 耗 量					
人工 综合工日	工日	40.00		6.07	6.45	5.96	3.37	3.58	3.31
材料 尼龙线	m	0.60		128.400	152.660	161.060	309.480	336.670	355.880
其他材料费	%	–		–	1.000	1.000	1.000	1.000	1.000
机械 其他机械费	元	1.00		–	–	–	10.692	11.615	10.400

（2）土工布铺设

工作内容：场地清理，材料场内运输，尾矿砂袋底面找平，上部压盖。

单位：100m²

定 额 编 号			3-3-121	3-3-122	3-3-123	3-3-124	3-3-125
项 目			无压盖层		土工膜热压连接	土工格栅铺设	尾矿砂袋压盖
			坝底	坝坡			
基 价 （元）			**96.00**	**103.20**	**5419.12**	**1489.61**	**1152.20**
其中	人 工 费 （元）		96.00	103.20	134.80	77.60	283.60
	材 料 费 （元）		–	–	5284.32	1402.89	868.60
	机 械 费 （元）		–	–	–	9.12	–
名 称	单位	单价（元）	消	耗		量	
人工 综合工日	工日	40.00	2.40	2.58	3.37	1.94	7.09
材料 土工布 400g/m²	m²	–	(102.000)	(102.000)	–	–	(102.000)
土工膜	m²	48.00	–	–	109.000	–	–
土工格栅	m²	13.50	–	–	–	102.000	–
塑料扎带	根	0.08	–	–	–	150.000	–
草袋	个	2.15	–	–	–	–	400.000
其他材料费	%	–	1.000	1.000	1.000	1.000	1.000
机械 其他机械费	元	1.00	–	–	–	9.124	–

8. 无砂混凝土排渗管预制及安装

工作内容：1.制作：模板制作、安装、拆除；混凝土搅拌、浇捣、养护、构件归堆。2.现场搬运、清理管材、接口、管道安装、包棕皮、竹片铁丝绑扎。

定　额　编　号				3-3-126	3-3-127
项　　目				预制	安装
单　　位				10m³	100m
基　　价　（元）				**10311.29**	**865.86**
其中	人　工　费　（元）			5501.60	720.00
	材　料　费　（元）			4525.88	145.86
	机　械　费　（元）			283.81	
名　　　　　　　称		单位	单价（元）	消　　耗　　量	
人工	综合工日	工日	40.00	137.54	18.00
材料	水泥砂浆 M15	m³	—	—	(0.700)
	无砂混凝土	m³	150.00	10.300	—
	无砂混凝土管	m	—	—	(10.300)
	中枋	m³	1800.00	1.498	—
	铁钉	kg	6.97	14.890	—
	草袋	个	2.15	6.470	—
	水	m³	4.00	19.510	1.000
	水泥 32.5	kg	0.27	—	386.000
	中（粗）砂	m³	47.00	—	0.740
	其他材料费	%	—	2.000	2.000
机械	滚筒式混凝土搅拌机（电动）400L	台班	117.90	0.290	—
	木工圆锯机 φ500	台班	31.97	2.050	—
	木工平刨床 450mm	台班	20.10	2.170	—
	塔式起重机 6t	台班	484.35	0.290	—

注：无砂混凝土管如需用钢筋，套用排水套管钢筋定额。

9. 排渗钢管、铸铁管制作及安装
（1）排渗钢管、铸铁管排渗孔加工

工作内容：搬运管材、清理、划线、打冲眼、钻孔、清扫钢铁屑。

单位：100m

定　额　编　号				3-3-128	3-3-129	3-3-130	3-3-131	3-3-132
项　　目				公称直径(mm)				
				50	100	200	300	400
基　　价　（元）				557.52	927.85	1373.93	1947.80	2316.91
其中	人　工　费　（元）			206.00	342.80	500.00	686.00	822.40
	材　料　费　（元）			－	－	－	－	－
	机　械　费　（元）			351.52	585.05	873.93	1261.80	1494.51
名　　称		单位	单价(元)	消　　　耗　　　量				
人工	综合工日	工日	40.00	5.15	8.57	12.50	17.15	20.56
机械	摇臂钻床 φ25	台班	81.94	4.290	7.140	10.000	14.290	17.130
	电动双梁桥式起重机 5t	台班	181.76	－	－	0.300	0.500	0.500

（2）排渗钢管安装

工作内容：材料搬运、检查及清理、管材切口、对口焊接、管道安装。

单位：100m

定 额 编 号			3-3-133	3-3-134	3-3-135	3-3-136	3-3-137
项 目			钢管公称直径（mm）				
			50	100	200	300	400
基 价 （元）			**1095.10**	**1611.86**	**2240.49**	**2970.23**	**3428.84**
其中	人 工 费 （元）		714.80	1072.40	1232.40	1302.80	1573.20
	材 料 费 （元）		27.75	54.87	125.60	237.00	151.94
	机 械 费 （元）		352.55	484.59	882.49	1430.43	1703.70
名 称	单位	单价（元）	消	耗		量	
人工 综合工日	工日	40.00	17.87	26.81	30.81	32.57	39.33
材料	管材	m	–	(102.000)	(102.000)	(102.000)	(102.000)	(102.000)
	氧气	m³	3.60	1.580	3.060	7.130	12.270	15.090
	乙炔气	kg	12.80	0.527	1.020	2.377	4.090	5.030
	电焊条	kg	4.40	2.570	5.660	13.100	27.110	3.380
	尼龙砂轮片 φ100	片	10.34	0.200	0.200	0.300	0.450	0.750
	其他材料费	%	–	7.500	7.500	7.500	7.500	7.500
机械	交流电焊机 30kV·A	台班	140.46	2.510	3.450	6.280	8.790	10.040
	汽车式起重机 5t	台班	390.77	–	–	–	0.500	0.750
	其他机械费	元	1.00	–	–	0.400	0.400	0.400

(3)排渗铸铁管安装

工作内容:材料搬运、检查管材、管口除沥青、下管、找正、捻口。

单位:100m

定 额 编 号			3-3-138	3-3-139	3-3-140	3-3-141	3-3-142
项 目			钢管公称直径(mm)				
			50	100	200	300	400
基 价 (元)			**354.55**	**670.73**	**888.28**	**1365.59**	**1862.28**
其中	人 工 费 (元)		285.20	585.20	755.60	864.40	1150.40
	材 料 费 (元)		69.35	85.53	132.68	215.93	309.39
	机 械 费 (元)		–	–	–	285.26	402.49
名 称	单位	单价(元)	消	耗	量		
人工 综合工日	工日	40.00	7.13	14.63	18.89	21.61	28.76
材料	管材	m	–	(101.000)	(101.000)	(101.000)	(101.000)	(101.000)
	石棉绒	kg	3.60	6.150	7.700	11.790	19.760	27.040
	氧气	m³	3.60	0.880	1.170	2.260	3.300	6.190
	乙炔气	kg	12.80	0.293	0.390	0.753	1.100	2.063
	水泥 32.5	kg	0.27	15.500	19.330	28.600	48.400	67.650
	油麻	kg	9.50	3.260	3.900	5.780	9.450	12.860
	其他材料费	%	–	8.000	8.000	8.000	8.000	8.000
机械 汽车式起重机 5t	台班	390.77	–	–	–	0.730	1.030

（4）聚乙烯塑料管及陶土排渗管安装

工作内容:材料搬运、检查管材、管口除沥青、下管、找正、捻口。

单位:100m

定 额 编 号			3-3-143	3-3-144	3-3-145	3-3-146	3-3-147	3-3-148
项 目			聚乙烯塑料管					陶土排渗管
			钢管公称直径(mm)					
			60	80	100	150	200	
基 价 (元)			**299.12**	**322.43**	**473.04**	**650.51**	**755.29**	**516.20**
其中	人 工 费 (元)		296.40	319.20	467.60	643.20	745.60	417.60
	材 料 费 (元)		2.72	3.23	5.44	7.31	9.69	98.60
	机 械 费 (元)		–	–	–	–	–	–
名 称	单位	单价(元)	消		耗		量	
人工 综合工日	工日	40.00	7.41	7.98	11.69	16.08	18.64	10.44
材料 管材	m	–	(102.000)	(102.000)	(102.000)	(102.000)	(102.000)	(103.000)
标准砖	1000 块	290.00	–	–	–	–	–	0.340
氯丁橡胶粘接剂	kg	17.00	0.160	0.190	0.320	0.430	0.570	–
机械 其他机械费	%	–	1.000	1.000	1.000	1.000	1.000	1.000

10. 排渗管包棕皮或土工布

工作内容: 材料搬运、整理、包棕皮、夹竹片、铁丝绑扎。

单位:10m²

定 额 编 号			3-3-149	3-3-150	3-3-151	3-3-152	3-3-153
项 目			钢管、铸铁管包棕皮			包土工布	
			公称直径(mm 以内)			钢管、铸铁管	无砂混凝土管
			100	200	300		
基 价 (元)			**80.43**	**66.94**	**51.32**	**98.50**	**107.29**
其中	人 工 费 (元)		20.00	15.60	12.40	19.20	19.20
	材 料 费 (元)		60.43	51.34	38.92	79.30	88.09
	机 械 费 (元)		–	–	–	–	–
名 称	单位	单价(元)	消	耗	量		
人工 综合工日	工日	40.00	0.50	0.39	0.31	0.48	0.48
材料 棕皮	kg	2.89	3.570	3.570	3.570	–	–
土工布 400g/m²	m²	6.00	–	–	–	11.660	11.660
竹片	根	3.00	15.600	12.600	8.500	–	–
铁丝 8～22	kg	4.60	0.590	0.590	0.590	1.210	3.030
其他材料费	%	–	1.000	1.000	1.000	5.000	5.000

11. 土工布、块石盲沟

工作内容:挖土、运料、铺筑、包土工布、回填土、弃土等。

单位:100m

定　额　编　号					3-3-154	
项　　目					断面积	
					<0.36m²	
基　　价　（元）					**3645.92**	
其中	人　工　费　（元）				365.60	
	材　料　费　（元）				3280.32	
	机　械　费　（元）				－	
	名　　　称	单位	单价(元)		消　耗　量	
人工	综合工日	工日	40.00		9.14	
材料	块石	m³	44.00		37.440	
	土工布 400g/m²	m²	6.00		272.160	

三、坝基处理及坝体防护

1. 岩心钻机钻灌浆孔

工作内容:孔位转移、开孔、准备、取岩心、砂砾石钻孔、泥浆制备。

单位:100m 进尺

定 额 编 号			3-3-155	3-3-156	3-3-157	3-3-158	3-3-159	3-3-160	3-3-161	3-3-162	3-3-163
项 目			岩石级别								
			IV	V	VI	VII	VIII	IX	X	XI	XII
基 价 (元)			8685.95	9904.12	12659.88	17182.78	23191.99	26600.35	46694.21	81980.23	157678.36
其中	人 工 费 (元)		783.20	884.40	1281.20	1978.00	2772.40	–	6350.00	11046.40	21012.40
	材 料 费 (元)		4472.40	5131.00	5760.00	6518.00	8265.50	10387.50	13363.46	23541.00	41884.00
	机 械 费 (元)		3430.35	3888.72	5618.68	8686.78	12154.09	16212.85	26980.75	47392.83	94781.96
名 称	单位	单价(元)	消 耗 量								
人工	综合工日	工日	40.00	19.58	22.11	32.03	49.45	69.31	–	158.75	276.16	525.31
材料	圆钻头	个	59.00	10.000	17.000	–	–	–	–	–	–	–
	合金片	g	0.80	363.000	605.000	–	–	–	–	–	–	–
	岩心管	m	52.00	6.000	7.000	8.000	9.000	12.000	15.000	15.000	21.000	30.000
	水	m³	4.00	580.000	580.000	580.000	580.000	700.000	850.000	1030.000	1680.000	2130.000
	铁沙钻头	个	95.00	–	–	4.000	7.000	9.000	12.300	15.700	35.000	66.000
	铁沙	kg	4.21	–	–	400.000	500.000	650.000	900.000	1276.000	2400.000	5400.000
	其他材料费	元	1.00	960.000	960.000	960.000	960.000	1250.000	1250.000	1600.000	2300.000	2800.000
机械	地质钻机300型	台班	369.65	9.280	10.520	15.200	23.500	32.880	43.860	72.990	128.210	256.410

注:1.适用于露天作业,钻垂直孔,孔深100m以内,孔径130mm以内采用自下而上灌浆法。2.不包括记录岩心采取率。

2. 泥浆固壁

工作内容:孔位转移、开孔、准备、取岩心、泥浆制备运输等。

单位:100m 进尺

定　额　编　号			3-3-164	3-3-165	3-3-166
项　　　目				砂砾石层	
			土砂	砾石	卵石
基　　　价　（元）			**19351.12**	**41594.57**	**62320.45**
其中	人　工　费　（元）		2329.60	4046.40	5710.80
	材　料　费　（元）		8056.00	17902.00	21917.00
	机　械　费　（元）		8965.52	19646.17	34692.65
名　　　　称	单位	单价(元)	消　　耗　　量		
人工 综合工日	工日	40.00	58.24	101.16	142.77
材料 圆钻头	个	59.00	25.000	–	–
合金片	g	0.80	330.000	–	–
岩心管	m	52.00	6.000	17.000	17.000
水	m³	4.00	730.000	1060.000	1870.000
黏土	t	13.00	70.000	100.000	100.000
碱粉	kg	2.50	350.000	500.000	500.000
铁沙钻头	个	95.00	–	10.000	15.000
铁沙	kg	4.21	–	1800.000	1800.000
其他材料费	元	1.00	1300.000	1700.000	2000.000
机械 地质钻机 300 型	台班	369.65	11.500	25.200	44.500
泥浆拌和机 1000L	台班	104.34	11.500	25.200	44.500
泥浆泵 φ100	台班	305.62	11.500	25.200	44.500

3. 风钻机钻灌浆孔

工作内容: 孔位转移、接拉风管、钻孔等。

单位:100m 进尺

定 额 编 号			3-3-167	3-3-168	3-3-169	3-3-170	3-3-171	3-3-172	3-3-173	3-3-174	3-3-175	3-3-176
项 目			岩石级别(孔深8m以内)									
			Ⅶ	Ⅷ	Ⅸ	Ⅹ	Ⅺ	Ⅻ	ⅩⅢ	ⅩⅣ	ⅩⅤ	ⅩⅥ
基 价 (元)			927.36	1080.00	1267.47	1507.46	1806.12	2128.27	2581.77	3185.85	3941.60	4955.14
其中	人 工 费 (元)		386.00	451.20	531.60	638.80	765.20	925.20	1126.80	1396.80	1735.20	2188.80
	材 料 费 (元)		111.12	125.76	141.48	164.40	192.36	218.16	251.64	293.16	338.52	390.12
	机 械 费 (元)		430.24	503.04	594.39	704.26	848.56	984.91	1203.33	1495.89	1867.88	2376.22
名 称	单位	单价(元)	消			耗				量		
人工 综合工日	工日	40.00	9.65	11.28	13.29	15.97	19.13	23.13	28.17	34.92	43.38	54.72
材料 合金钻头 φ38	个	30.00	1.980	2.200	2.440	2.730	3.000	3.330	3.700	4.100	4.550	5.080
中空六角钢	kg	10.00	0.920	1.080	1.270	1.510	1.830	2.190	2.670	3.330	4.160	5.270
水	m³	4.00	6.000	7.000	8.000	10.000	13.000	15.000	18.000	22.000	26.000	30.000
其他材料费	%	–	20.000	20.000	20.000	20.000	20.000	20.000	20.000	20.000	20.000	20.000
机械 凿岩机 手持式	台班	132.38	3.250	3.800	4.490	5.320	6.410	7.440	9.090	11.300	14.110	17.950

注: 适用于 01-30 型手风钻钻垂直孔,YT-25 型风钻钻水平孔或向上孔。

工作内容:孔位转移、接拉风管、钻孔等。

单位:100m 进尺

定 额 编 号			3-3-177	3-3-178	3-3-179	3-3-180	3-3-181
项 目			岩石级别(孔深 12m 以内)				
			Ⅶ	Ⅷ	Ⅸ	Ⅹ	Ⅺ
基 价 (元)			**1372.98**	**1608.42**	**1876.49**	**2259.63**	**2715.12**
其中	人 工 费 (元)		598.80	703.60	814.80	999.20	1206.40
	材 料 费 (元)		125.52	144.96	165.48	192.12	225.96
	机 械 费 (元)		648.66	759.86	896.21	1068.31	1282.76
名 称	单位	单价(元)	消	耗	量		
人工 综合工日	工日	40.00	14.97	17.59	20.37	24.98	30.16
材料 合金钻头 φ38	个	30.00	1.980	2.200	2.440	2.700	3.000
中空六角钢	kg	10.00	0.920	1.080	1.270	1.510	1.830
水	m³	4.00	9.000	11.000	13.000	16.000	20.000
其他材料费	%	–	20.000	20.000	20.000	20.000	20.000
机械 凿岩机 手持式	台班	132.38	4.900	5.740	6.770	8.070	9.690

注:适用于 01-30 型凿岩机钻垂直孔,YT-25 型凿岩机钻水平孔或向上孔。

工作内容：孔位转移、接拉风管、钻孔等。

单位：100m 进尺

定 额 编 号			3-3-182	3-3-183	3-3-184	3-3-185	3-3-186
项 目			岩石级别（孔深12m以内）				
			XII	XIII	XIV	XV	XVI
基 价 （元）			**3265.69**	**3956.31**	**4868.58**	**6058.26**	**7641.47**
其中	人 工 费 （元）		1437.20	1745.60	2151.20	2686.40	3390.80
	材 料 费 （元）		265.08	304.44	341.16	410.52	476.52
	机 械 费 （元）		1563.41	1906.27	2376.22	2961.34	3774.15
名 称	单位	单价（元）	消	耗		量	
人工 综合工日	工日	40.00	35.93	43.64	53.78	67.16	84.77
材料 合金钻头 φ38	个	30.00	3.300	3.700	4.100	4.550	5.080
中空六角钢	kg	10.00	2.190	2.670	3.330	4.160	5.270
水	m³	4.00	25.000	29.000	32.000	41.000	48.000
其他材料费	%	–	20.000	20.000	20.000	20.000	20.000
机械 凿岩机 手持式	台班	132.38	11.810	14.400	17.950	22.370	28.510

注：适用于01-30型凿岩机钻垂直孔，YT-25型凿岩机钻水平孔或向上孔。

4. 坝基岩石帷幕灌浆

工作内容: 孔位转移,钻孔检查及冲洗,灌浆前裂隙冲洗及压水试验,制浆、灌浆,观测及封孔。

单位:100m 进尺

	定 额 编 号			3-3-187	3-3-188	3-3-189	3-3-190	3-3-191	3-3-192	3-3-193	3-3-194
	项 目			单位吸水率(L/min)							
				0.02 以下	0.02~0.04	0.04~0.06	0.06~0.08	0.08~0.10	0.10~0.20	0.20~0.50	0.50~1.00
	基 价 (元)			**16691.67**	**20158.64**	**23113.27**	**26519.15**	**29104.12**	**32147.07**	**40284.27**	**56306.33**
其中	人 工 费 (元)			3921.60	5304.00	6427.20	7600.40	8678.40	9915.60	12698.00	18609.20
	材 料 费 (元)			3980.00	4360.00	4740.00	5420.00	6100.00	6910.00	8670.00	11490.00
	机 械 费 (元)			8790.07	10494.64	11946.07	13498.75	14325.72	15321.47	18916.27	26207.13
	名 称	单位	单价(元)	消 耗 量							
人工	综合工日	工日	40.00	98.04	132.60	160.68	190.01	216.96	247.89	317.45	465.23
材料	水泥 42.5	t	300.00	2.500	3.500	4.500	6.500	8.500	10.000	12.000	15.000
	水	m³	4.00	470.000	490.000	510.000	530.000	550.000	640.000	930.000	1410.000
	其他材料费	元	1.00	1350.000	1350.000	1350.000	1350.000	1350.000	1350.000	1350.000	1350.000
机械	灰浆搅拌机 200L	台班	69.99	25.800	35.900	44.500	53.700	58.600	64.500	85.800	129.000
	泥浆泵 φ50	台班	98.78	25.800	35.900	44.500	53.700	58.600	64.500	85.800	129.000
	地质钻机 300 型	台班	369.65	12.000	12.000	12.000	12.000	12.000	12.000	12.000	12.000

注: 1. 适用于露天作业,孔深 100m 以内,采用自下而上分段灌浆法。2. 钻机作灌浆塞用。

5. 混凝土防渗墙造孔、清洗

工作内容：钻孔、制浆、换浆、出碴。

单位：100m 单孔进尺

定 额 编 号				3-3-195	3-3-196	3-3-197	3-3-198
项 目				地层名称			
				黏土	砂砾土	岩石	混凝土
基 价 （元）				**51888.07**	**95297.56**	**180808.94**	**103822.25**
其 中	人 工 费 （元）			13068.40	24187.20	44944.40	26786.40
	材 料 费 （元）			9718.49	8589.39	10961.88	10256.52
	机 械 费 （元）			29101.18	62520.97	124902.66	66779.33
名 称		单位	单价（元）	消 耗 量			
人工	综合工日	工日	40.00	326.71	604.68	1123.61	669.66
材 料	钢丝绳1″	m	12.31	88.000	105.000	137.000	109.000
	钢丝绳卡子 $1\frac{1}{4}$″	个	5.00	15.000	18.000	23.000	19.000
	电焊条	kg	4.40	133.000	158.000	205.000	164.000
	型钢	kg	3.70	132.000	157.000	204.000	163.000
	铁钉	kg	6.97	2.300	2.300	2.300	2.300
	镀锌铁丝8~12号	kg	5.25	5.500	6.500	8.500	7.000

定 额 编 号				3-3-195	3-3-196	3-3-197	3-3-198
项 目				地层名称			
				黏土	砂砾土	岩石	混凝土
材料	板材	m³	1300.00	1.200	–	1.200	1.200
	黏土	t	13.00	144.000	144.000	144.000	144.000
	碱粉	kg	2.50	720.000	720.000	720.000	720.000
	水	m³	4.00	550.000	550.000	550.000	550.000
	其他材料费	%	–	0.100	0.100	0.100	0.100
机械	冲击钻机 CZ-20	台班	465.28	35.040	76.640	154.400	76.032
	灰浆搅拌机 200L	台班	69.99	17.329	37.945	76.349	42.863
	泥浆泵 $\phi100$	台班	305.62	17.329	37.945	76.349	42.863
	筛洗石机(滚筒式) $8\sim10m^3/h$	台班	91.71	17.329	37.945	76.349	42.863
	交流电焊机 40kV·A	台班	183.09	17.329	37.945	76.349	42.863
	电动空气压缩机 10m³/min 以内	台班	478.10	2.000	2.000	2.000	2.000
	其他机械费	%	–	2.000	2.000	2.000	4.000

注:1.适用于墙厚 0.8m。2.单孔进尺 $=L\times H/d(m)$;$L=$槽长(m),$H=$平均槽深(m),$d=$槽底厚度(m)。3.黏土层包括土壤;砂砾石层包括一定数量的砂层;岩石层指风化或半风化岩石;混凝土层指龄期不超过 28 天的防渗墙混凝土。

6. 混凝土防渗墙槽孔混凝土浇筑

工作内容: 配料、拌和、浇筑、装拆、导管搭拆、浇筑平台等。

单位:100m³

定　额　编　号				3-3-199	
项　　目				混凝土防渗墙槽孔混凝土浇注	
基　　价　（元）				**23784.75**	
其中	人　工　费　（元）			3692.40	
	材　料　费　（元）			18460.90	
	机　械　费　（元）			1631.45	
名　　　　　称		单位	单价（元）	消　耗　量	
人工	综合工日	工日	40.00	92.31	
材料	水泥 42.5	kg	0.30	34300.000	
	中（粗）砂	m³	47.00	59.000	
	碎石	m³	50.00	75.000	
	钢管 DN50	kg	4.24	10.000	
	橡胶板	kg	8.20	20.000	
	板材	m³	1300.00	1.000	
	水	m³	4.00	15.000	
	圆钉	kg	6.50	9.000	
	铁丝 8~22	kg	4.60	5.000	
机械	冲击钻机 CZ-20	台班	465.28	2.831	
	滚筒式混凝土搅拌机（电动）400L	台班	117.90	2.394	
	其他机械费	%	－	2.000	

四、水位观察孔(测压管)

工作内容:下管、止水、填反滤层、洗孔、孔口工程。

单位:每孔

定 额 编 号				3-3-200
项 目				水位观察孔
基 价 (元)				**6578.71**
其中	人 工 费 (元)			816.80
	材 料 费 (元)			727.95
	机 械 费 (元)			5033.96
名 称	单位	单价(元)		消 耗 量
人工 综合工日	工日	40.00		20.42
材料 铁件	kg	5.50		20.000
水泥 32.5	kg	0.27		200.000
铁丝 8~22	kg	4.60		15.000
水	m³	4.00		100.000
其他材料费	%	—		15.000
机械 地质钻机 300 型	台班	369.65		8.820
电动空气压缩机 6m³/min 以内	台班	305.00		3.680
电动单极离心清水泵 φ200	台班	176.97		3.680

五、坝面护坡

工作内容:选修石料、调运砂浆、砌筑勾缝、找平及材料搬运。

定 额 编 号			3-3-201	3-3-202	3-3-203	3-3-204	3-3-205
项 目			坝坡植铺草皮		坝面干砌块石		浆砌砖护坡
			满铺	花格铺	平面	曲面	
单 位			100m²	100m²	10m³	10m³	100m²
基 价 (元)			**1918.28**	**911.71**	**936.40**	**980.40**	**2111.56**
其中	人 工 费 (元)		637.60	484.80	404.00	448.00	980.00
	材 料 费 (元)		1280.68	426.91	532.40	532.40	1116.86
	机 械 费 (元)		—	—	—	—	14.70
名 称	单位	单价(元)	消	耗		量	
人工 综合工日	工日	40.00	15.94	12.12	10.10	11.20	24.50
材料	草皮	m²	12.00	105.000	35.000	—	—	—
	水	m³	4.00	2.000	0.670	—	—	—
	标准砖	1000块	290.00	—	—	—	—	3.230
	块石	m³	44.00	—	—	12.100	12.100	—
	水泥砂浆 M7.5	m³	119.06	—	—	—	—	1.240
	其他材料费	%	—	1.000	1.000	—	—	3.000
机械 灰浆搅拌机 200L	台班	69.99	—	—	—	—	0.210

注:1.铺草皮定额内已考虑了挖草皮用工,如是购买草皮者,按定额数量计算材料费,并扣除草皮用工3.7工日。实际挖草皮地点超过50m时,可折算为体积按人工运土定额计算运费。2.本定额坝面干砌块石护坡,同样适用于其他干砌块石护坡。

第四章　尾矿管道

说　　明

一、本章定额包括以下内容：

1. 施工定位、机械运布管。

2. 尾矿输送管道、给水、回水管道铺设及套管安装。

3. 管件连接。

4. 法兰、阀门安装。

5. 管道试压。

二、本章定额中管道压力等级的划分：

低压：$0 < P \leqslant 1.6MPa$；

中压：$1.6 < P \leqslant 10MPa$；

高压：$10 < P \leqslant 42MPa$。

三、本章管道铺设是以沟埋 2m 为基准，当管径 ≥ DN250mm 时，若遇地面铺设、架空铺设或埋地超过 2m 铺设时，其人工和起重机械台班分别按下列系数调整。

1. 地面铺设：人工用综合工日乘以 0.99 系数；起重机械台班乘以 0.93 系数。

2. 架空铺设：人工用综合工日乘以 1.05 系数；起重机械台班乘以 1.33 系数。

3. 埋地超过 2m：人工用综合工日乘以 1.04 系数；起重机械台班乘以 1.25 系数。

四、本章适用于一般地区的管道铺设工程，若遇山地、沼泽、高山峻岭等地区，需按下表系数增加人工及施工机械台班用量。

地　形	平坦地带	一般山地	泥田沼泽	高山峻岭
人工及施工机械台班系数	1.00	1.50	1.70	1.70

各种地形的确定标准如下：

1. 一般山地：指一般山岭沟谷，自然山坡坡度在15°以上或有汽车公路的高山峻岭地带。

2. 泥田沼泽：指有水的庄稼地或有淤泥地段。

3. 高山峻岭：指特殊险峻的高山，修路困难，人、畜力勉强能行，自然山坡坡度在30°以上的地带。

五、若管道穿隧洞(或隧洞内地沟)铺设时，人工乘以1.2系数。

六、管道铺设不包括接头零件(三通、四通、弯头等)的安装费，接头零件应按设计用量计算，但在管道总长度内不再扣除其所占长度。

七、管道试压：适用于管道工程完工后的系统试压，即二次试压，分段试压(即一次试压)已综合在管道安装工序内。

八、本章材料场内运输按100m考虑。

九、隧洞内管道工程辅助费(指隧洞内管道施工需增加照明、通风、运输等所发生的费用)按工程直接费的6%计取。

十、其他

1. 管沟开挖执行本册第二章定额子目。

2. 管墩浇注、钢结构支架(大于100kg)按相应定额执行。

3. 各种管道、管件安装均不包括刷油、防腐(成品除外)，若设计要求刷油、防腐，按相应定额执行。

一、低压管道

1. 碳钢管、复合钢管(电弧焊)

工作内容: 管子切口、坡口加工、坡口磨平、管口组对、焊接、垂直运输、管道安装。

单位:10m

定 额 编 号			3-4-1	3-4-2	3-4-3	3-4-4	3-4-5
项 目			公称直径(mm)				
			100	125	150	200	250
基 价 (元)			**110.09**	**129.84**	**146.09**	**183.86**	**251.58**
其中	人 工 费 (元)		29.60	35.20	41.20	44.80	54.00
	材 料 费 (元)		6.35	6.61	8.50	13.53	22.88
	机 械 费 (元)		74.14	88.03	96.39	125.53	174.70
名 称	单位	单价(元)	消	耗	量		
人工	综合工日	工日	40.00	0.74	0.88	1.03	1.12	1.35
材料	管材	m	–	(9.570)	(9.410)	(9.410)	(9.410)	(9.360)
	电焊条	kg	4.40	0.378	0.419	0.530	0.912	1.793
	氧气	m³	3.60	0.429	0.437	0.553	0.816	1.219
	乙炔气	kg	12.80	0.143	0.145	0.184	0.272	0.407
	尼龙砂轮片 φ100	片	10.34	0.098	0.099	0.137	0.237	0.416
	其他材料费	%	–	5.000	5.000	5.000	5.000	5.000
机械	直流电焊机 20kW	台班	133.54	0.095	0.107	0.134	0.190	0.269
	交流电焊机 30kV·A	台班	140.46	0.095	0.107	0.134	0.190	0.269
	汽车式起重机 8t	台班	593.97	0.064	0.077	0.077	0.098	0.137
	柴油发电机 50kW	台班	726.66	–	–	–	0.021	0.027
	柴油发电机 30kW	台班	480.69	0.021	0.027	0.029	–	–

定 额 编 号			3-4-6	3-4-7	3-4-8	3-4-9	3-4-10	3-4-11
项 目			公称直径(mm)					
			300	350	400	450	500	600
基 价 (元)			**271.58**	**299.53**	**335.62**	**393.65**	**436.52**	**544.76**
其中	人 工 费 (元)		61.20	67.60	78.00	96.00	117.60	155.20
	材 料 费 (元)		25.03	29.65	33.16	44.48	49.88	65.85
	机 械 费 (元)		185.35	202.28	224.46	253.17	269.04	323.71
名 称	单位	单价(元)	消	耗		量		
人工 综合工日	工日	40.00	1.53	1.69	1.95	2.40	2.94	3.88
材料	管材	m	–	(9.360)	(9.360)	(9.360)	(9.250)	(9.250)	(11.193)
	电焊条	kg	4.40	2.197	2.602	2.944	4.368	4.828	6.373
	氧气	m³	3.60	1.305	1.390	1.524	1.786	2.059	2.718
	乙炔气	kg	12.80	0.435	0.463	0.508	0.595	0.686	0.906
	尼龙砂轮片 φ100	片	10.34	0.378	0.567	0.642	0.880	0.974	1.285
	其他材料费	%	–	5.000	5.000	5.000	5.000	5.000	5.000
机械	直流电焊机 20kW	台班	133.54	0.284	0.300	0.340	0.399	0.441	0.582
	交流电焊机 30kV·A	台班	140.46	0.284	0.300	0.340	0.399	0.441	0.582
	汽车式起重机 8t	台班	593.97	0.137	0.152	0.166	0.181	0.181	0.197
	柴油发电机 50kW	台班	726.66	0.036	0.041	0.045	0.050	0.056	0.065

2. 碳钢管、复合钢管(氩电联焊)

工作内容:管子切口、坡口加工、坡口磨平、管口组对、焊接、管口封闭、垂直运输、管道安装。 单位:10m

定　额　编　号			3-4-12	3-4-13	3-4-14	3-4-15	3-4-16	3-4-17	3-4-18	3-4-19	3-4-20
项　　目			公称直径(mm)								
			100	125	150	200	250	300	350	400	450
基　　价　(元)			**129.10**	**147.12**	**168.67**	**215.12**	**295.54**	**318.55**	**295.89**	**390.65**	**459.08**
其中	人　工　费　(元)		39.60	43.20	43.60	46.00	55.60	62.80	80.40	80.80	100.40
	材　料　费　(元)		9.61	10.56	12.53	18.46	28.73	31.34	35.60	39.93	51.78
	机　械　费　(元)		79.89	93.36	112.54	150.66	211.21	224.41	179.89	269.92	306.90
名　　称	单位	单价(元)	消		耗			量			
人工	综合工日	工日	40.00	0.99	1.08	1.09	1.15	1.39	1.57	2.01	2.02	2.51
材料	管材	m	–	(9.570)	(9.410)	(9.410)	(9.410)	(9.360)	(9.360)	(9.360)	(9.360)	(9.250)
	电焊条	kg	4.40	0.265	0.320	0.375	0.690	1.504	1.889	2.274	2.573	3.915
	碳钢焊丝	kg	8.20	0.056	0.067	0.080	0.110	0.136	0.140	0.144	0.164	0.184
	氧气	m³	3.60	0.381	0.386	0.541	0.816	1.219	1.305	1.390	1.524	1.803
	乙炔气	kg	12.80	0.127	0.128	0.180	0.272	0.407	0.453	0.463	0.508	0.601
	氩气	m³	15.00	0.157	0.187	0.223	0.308	0.382	0.393	0.404	0.459	0.516

定 额 编 号			3-4-12	3-4-13	3-4-14	3-4-15	3-4-16	3-4-17	3-4-18	3-4-19	3-4-20
项 目			公称直径(mm)								
			100	125	150	200	250	300	350	400	450
材	铈钨棒	g	0.69	0.314	0.373	0.446	0.617	0.764	0.787	0.809	0.918	1.032
	尼龙砂轮片 φ100	片	10.34	0.146	0.149	0.167	0.211	0.365	0.334	0.500	0.566	0.768
	尼龙砂轮片 φ500	片	13.48	0.033	0.035	–	–	–	–	–	–	–
料	其他材料费	%	–	5.000	5.000	5.000	5.000	5.000	5.000	5.000	5.000	5.000
机	交流电焊机 30kV·A	台班	140.46	0.066	0.067	0.093	0.142	0.222	0.240	0.026	0.291	0.352
	直流电焊机 20kW	台班	133.54	0.066	0.067	0.093	0.142	0.222	0.240	0.026	0.291	0.352
	氩弧焊机 500A	台班	162.47	0.082	0.098	0.117	0.162	0.200	0.206	0.212	0.241	0.271
	砂轮切割机 500mm	台班	46.24	0.008	0.008	–	–	–	–	–	–	–
	半自动切割机 100mm	台班	149.52	–	–	0.056	0.080	0.113	0.118	0.122	0.132	0.151
	汽车式起重机 8t	台班	593.97	0.064	0.077	0.077	0.098	0.137	0.137	0.152	0.166	0.181
械	柴油发电机 50kW	台班	726.66	–	–	–	0.021	0.027	0.036	0.041	0.045	0.050
	柴油发电机 30kW	台班	480.69	0.021	0.027	0.029	–	–	–	–	–	–

3. 钢板卷管(电弧焊)

工作内容: 管子切口、坡口加工、坡口磨平、管口组对、焊接、垂直运输、管道安装。

单位:10m

定　额　编　号			3-4-21	3-4-22	3-4-23	3-4-24	3-4-25	3-4-26
项　　　目			公称直径(mm)					
			200	250	300	350	400	450
基　　价　(元)			**157.42**	**183.75**	**212.67**	**259.07**	**288.58**	**330.76**
其中	人　工　费　(元)		42.00	48.80	58.00	69.60	80.40	100.40
	材　料　费　(元)		14.28	17.07	19.56	30.31	33.69	37.21
	机　械　费　(元)		101.14	117.88	135.11	159.16	174.49	193.15
名　　称	单位	单价(元)	消　　　耗　　　量					
人工	综合工日	工日	40.00	1.05	1.22	1.45	1.74	2.01	2.51
材料	管材	m	–	(9.880)	(9.880)	(9.880)	(9.880)	(9.880)	(9.780)
	电焊条	kg	4.40	0.882	1.118	1.333	2.403	2.718	3.053
	氧气	m³	3.60	0.943	1.074	1.184	1.611	1.748	1.888
	乙炔气	kg	12.80	0.314	0.358	0.395	0.537	0.583	0.629
	尼龙砂轮片 φ100	片	10.34	0.223	0.279	0.333	0.544	0.616	0.692
	其他材料费	%	–	5.000	5.000	5.000	5.000	5.000	5.000
机械	交流电焊机 30kV·A	台班	140.46	0.101	0.131	0.157	0.212	0.240	0.271
	直流电焊机 20kW	台班	133.54	0.101	0.131	0.157	0.212	0.240	0.271
	汽车式起重机 8t	台班	593.97	0.098	0.105	0.111	0.120	0.128	0.139
	柴油发电机 50kW	台班	726.66	0.021	0.027	0.036	0.041	0.045	0.050

工作内容:管子切口、坡口加工、坡口磨平、管口组对、焊接、垂直运输、管道安装。

单位:10m

定　额　编　号			3-4-27	3-4-28	3-4-29	3-4-30	3-4-31	3-4-32
项　　目			公称直径(mm)					
			500	600	700	800	900	1000
基　　价　(元)			**376.45**	**454.40**	**532.35**	**605.85**	**672.46**	**790.14**
其中	人　工　费　(元)		118.00	138.40	163.60	187.20	210.40	235.20
	材　料　费　(元)		40.84	47.32	61.49	78.06	87.37	106.74
	机　械　费　(元)		217.61	268.68	307.26	340.59	374.69	448.20
名　　称	单位	单价(元)	消　　　　耗　　　　量					
人工 综合工日	工日	40.00	2.95	3.46	4.09	4.68	5.26	5.88
材料 管材	m	—	(9.780)	(9.780)	(9.670)	(9.670)	(9.670)	(9.570)
电焊条	kg	4.40	3.414	3.684	5.825	7.469	8.390	10.354
氧气	m³	3.60	2.024	2.459	2.743	3.377	3.756	4.463
乙炔气	kg	12.80	0.676	0.820	0.915	1.126	1.252	1.500
尼龙砂轮片 φ100	片	10.34	0.767	0.920	1.097	1.442	1.620	2.015
其他材料费	%	—	5.000	5.000	5.000	5.000	5.000	5.000
机械 交流电焊机 30kV·A	台班	140.46	0.301	0.418	0.501	0.573	0.643	0.721
直流电焊机 20kW	台班	133.54	0.301	0.418	0.501	0.573	0.643	0.721
汽车式起重机 8t	台班	593.97	0.159	0.180	0.203	0.221	0.240	0.318
柴油发电机 50kW	台班	726.66	0.056	0.065	0.068	0.072	0.077	0.085

4. 复合钢管、铸铁管(法兰连接)

工作内容:下管、管口组对、法兰连接、管道安装。　　　　　　　　　　　　　　　　单位:10m

定　额　编　号			3-4-33	3-4-34	3-4-35	3-4-36	3-4-37	3-4-38
项　　　目			公称直径(mm)					
			100	125	150	200	250	300
基　　价　　(元)			**128.48**	**180.08**	**191.81**	**207.40**	**269.73**	**288.71**
其中	人　工　费　(元)		40.80	48.80	55.20	68.00	88.40	101.20
	材　料　费　(元)		81.15	120.59	125.92	126.93	164.70	166.13
	机　械　费　(元)		6.53	10.69	10.69	12.47	16.63	21.38
名　　　　称	单位	单价(元)	消　　　　耗　　　　量					
人工	综合工日	工日	40.00	1.02	1.22	1.38	1.70	2.21	2.53
材料	管材	m	－	(10.000)	(10.000)	(10.000)	(10.000)	(10.000)	(10.000)
	螺栓带帽	kg	6.80	10.300	15.450	15.450	15.450	20.600	20.600
	石棉橡胶板 低中压 δ0.8~6	kg	12.49	0.580	0.784	1.190	1.267	1.343	1.452
	其他材料费	%	－	5.000	5.000	5.000	5.000	5.000	5.000
机械	汽车式起重机 8t	台班	593.97	0.011	0.018	0.018	0.021	0.028	0.036

工作内容:下管、管口组对、法兰连接、管道安装。

单位:10m

定　额　编　号			3-4-39	3-4-40	3-4-41	3-4-42	3-4-43
项　　　　目			公称直径(mm)				
			350	400	450	500	600
基　　　价　(元)			**365.42**	**392.61**	**515.97**	**543.08**	**649.81**
其中	人　工　费　(元)		134.40	150.40	189.60	210.00	266.40
	材　料　费　(元)		204.89	210.73	288.95	289.72	325.79
	机　械　费　(元)		26.13	31.48	37.42	43.36	57.62
名　　　　称	单位	单价(元)	消　　耗　　　量				
人工 综合工日	工日	40.00	3.36	3.76	4.74	5.25	6.66
材料 管材	m	—	(10.000)	(10.000)	(10.000)	(10.000)	(10.000)
螺栓带帽	kg	6.80	25.750	25.750	36.050	36.050	41.200
石棉橡胶板 低中压δ0.8~6	kg	12.49	1.604	2.049	2.406	2.465	2.411
其他材料费	%	—	5.000	5.000	5.000	5.000	5.000
机械 汽车式起重机 8t	台班	593.97	0.044	0.053	0.063	0.073	0.097

5. 混凝土管(胶圈接口)

工作内容:检查及清扫管材、管道安装、上胶圈、对口、调直、牵引。

单位:10m

定　额　编　号				3-4-44	3-4-45	3-4-46	3-4-47	3-4-48
项　　　目				公称直径(mm)				
				300	400	500	600	700
基　　　价　(元)				**205.62**	**308.56**	**383.47**	**437.93**	**540.36**
其中	人　工　费　(元)			72.80	110.40	137.20	166.00	217.20
	材　料　费　(元)			52.07	98.41	127.53	136.94	161.50
	机　械　费　(元)			80.75	99.75	118.74	134.99	161.66
名　　称		单位	单价(元)	消　　　耗　　　量				
人工	综合工日	工日	40.00	1.82	2.76	3.43	4.15	5.43
材料	混凝土管	m	–	(10.000)	(10.000)	(10.000)	(10.000)	(10.000)
	橡胶圈 DN300	个	23.45	2.060	–	–	–	–
	橡胶圈 DN400	个	44.80	–	2.060	–	–	–
	橡胶圈 DN500	个	58.10	–	–	2.060	–	–
	橡胶圈 DN600	个	62.30	–	–	–	2.060	–
	橡胶圈 DN700	个	73.50	–	–	–	–	2.060
	润滑剂	kg	8.00	0.160	0.180	0.221	0.260	0.300
	其他材料费	%	–	5.000	5.000	5.000	5.000	5.000
机械	汽车式起重机 8t	台班	593.97	0.100	0.120	0.140	0.160	0.200
	载重汽车 5t	台班	420.46	0.030	0.040	0.050	0.050	0.050
	卷扬机(双筒慢速) 5t	台班	145.63	0.060	0.080	0.100	0.130	0.150

工作内容:检查及清扫管材、管道安装、上胶圈、对口、调直、牵引。　　　　　　　　　　　　单位:10m

定　额　编　号			3-4-49	3-4-50	3-4-51	3-4-52	3-4-53	3-4-54
项　　目			公称直径(mm)					
			800	900	1000	1200	1400	1600
基　　　价　　(元)			**600.94**	**674.65**	**835.43**	**1019.89**	**1346.31**	**1643.37**
其中	人　工　费　(元)		226.00	258.80	268.00	351.60	424.40	508.80
	材　料　费　(元)		194.28	213.00	225.45	291.01	370.37	418.85
	机　械　费　(元)		180.66	202.85	341.98	377.28	551.54	715.72
名　　　称	单位	单价(元)	消　　　　　耗　　　　　量					
人工	综合工日	工日	40.00	5.65	6.47	6.70	8.79	10.61	12.72
材料	混凝土管	m	-	(10.000)	(10.000)	(10.000)	(10.000)	(10.000)	(10.000)
	橡胶圈 DN800	个	88.50	2.060	-	-	-	-	-
	橡胶圈 DN900	个	97.00	-	2.060	-	-	-	-
	橡胶圈 DN1000	个	102.60	-	-	2.060	-	-	-
	橡胶圈 DN1200	个	132.60	-	-	-	2.060	-	-
	橡胶圈 DN1400	个	168.90	-	-	-	-	2.060	-

续前

定 额 编 号				3-4-49	3-4-50	3-4-51	3-4-52	3-4-53	3-4-54
项 目				公称直径(mm)					
				800	900	1000	1200	1400	1600
材	橡胶圈 DN1600	个	191.00	–	–	–	–	–	2.060
	润滑剂	kg	8.00	0.340	0.380	0.420	0.500	0.600	0.680
料	其他材料费	%	–	5.000	5.000	5.000	5.000	5.000	5.000
机	汽车式起重机 8t	台班	593.97	0.220	0.250	–	–	–	–
	汽车式起重机 16t	台班	933.93	–	–	0.280	0.310	–	–
	汽车式起重机 20t	台班	1204.64	–	–	–	–	0.350	–
	汽车式起重机 30t	台班	1376.96	–	–	–	–	–	0.380
	载重汽车 5t	台班	420.46	0.060	0.060	–	–	–	–
	载重汽车 8t	台班	538.27	–	–	0.090	0.090	–	–
	载重汽车 10t	台班	694.26	–	–	–	–	0.120	–
械	载重汽车 15t	台班	923.94	–	–	–	–	–	0.150
	卷扬机(双筒慢速) 5t	台班	145.63	0.170	0.200	0.220	0.270	0.320	0.370

6. 承插铸铁管(石棉水泥接口)

工作内容:检查及清扫管材、切管、管道安装、调制接口材料、接口、养护。

单位:10m

定　额　编　号			3-4-55	3-4-56	3-4-57	3-4-58	3-4-59	3-4-60
项　　目			公称直径(mm)					
			100	150	200	300	400	500
基　　价　(元)			**32.11**	**41.02**	**61.92**	**95.04**	**130.70**	**167.79**
其中	人　工　费　(元)		25.60	31.60	49.20	42.80	59.20	75.20
	材　料　费　(元)		6.51	9.42	12.72	16.60	23.98	33.19
	机　械　费　(元)		-	-	-	35.64	47.52	59.40
名　　称	单位	单价(元)	消　　　　耗　　　　量					
人工 综合工日	工日	40.00	0.64	0.79	1.23	1.07	1.48	1.88
材料	管材	m	-	(10.000)	(10.000)	(10.000)	(10.000)	(10.000)	(10.000)
	水泥 32.5	kg	0.27	1.419	2.090	2.684	3.597	4.928	6.952
	石棉绒	kg	3.60	0.611	0.899	1.166	1.554	2.131	3.008
	油麻	kg	9.50	0.284	0.420	0.536	0.725	0.987	1.397
	氧气	m³	3.60	0.099	0.132	0.231	0.264	0.495	0.627
	乙炔气	kg	12.80	0.044	0.055	0.099	0.110	0.209	0.264
	其他材料费	%	-	5.000	5.000	5.000	5.000	5.000	5.000
机械	汽车式起重机 8t	台班	593.97				0.060	0.080	0.100

工作内容:检查及清扫管材、切管、管道安装、调制接口材料、接口、养护。

单位:10m

定 额 编 号			3-4-61	3-4-62	3-4-63	3-4-64	3-4-65
项 目			公称直径(mm)				
			600	700	800	900	1000
基 价 (元)			**198.67**	**258.34**	**277.45**	**328.41**	**415.75**
其中	人 工 费 (元)		86.40	120.00	124.80	160.80	166.00
	材 料 费 (元)		40.99	49.24	57.61	66.64	81.64
	机 械 费 (元)		71.28	89.10	95.04	100.97	168.11
名 称	单位	单价(元)	消	耗		量	
人工 综合工日	工日	40.00	2.16	3.00	3.12	4.02	4.15
材料	管材	m	–	(10.000)	(10.000)	(10.000)	(10.000)	(10.000)
	水泥 32.5	kg	0.27	8.635	10.428	12.342	14.377	17.886
	石棉绒	kg	3.60	3.730	4.507	5.339	6.216	7.737
	油麻	kg	9.50	1.733	2.090	2.478	2.877	3.581
	氧气	m³	3.60	0.759	0.891	0.990	1.100	1.232
	乙炔气	kg	12.80	0.319	0.374	0.407	0.462	0.517
	其他材料费	%	–	5.000	5.000	5.000	5.000	5.000
机械	汽车式起重机 8t	台班	593.97	0.120	0.150	0.160	0.170	–
	汽车式起重机 16t	台班	933.93	–	–	–	–	0.180

7. 承插铸铁管(青铅接口)

工作内容:检查及清扫管材、切管、管道安装、化铅、打麻、打铅口。

单位:10m

定 额 编 号			3-4-66	3-4-67	3-4-68	3-4-69	3-4-70	3-4-71
项 目			公称直径(mm)					
			100	150	200	300	400	500
基 价 (元)			**144.67**	**206.52**	**274.99**	**387.86**	**522.80**	**722.54**
其中	人 工 费 (元)		28.00	35.20	54.00	57.20	69.60	93.20
	材 料 费 (元)		116.67	171.32	220.99	295.02	405.68	569.94
	机 械 费 (元)		–	–	–	35.64	47.52	59.40
名 称	单位	单价(元)	消	耗		量		
人工 综合工日	工日	40.00	0.70	0.88	1.35	1.43	1.74	2.33
材料	管材	m	–	(10.000)	(10.000)	(10.000)	(10.000)	(10.000)	(10.000)
	氧气	m³	3.60	0.099	0.132	0.231	0.264	0.495	0.627
	乙炔气	kg	12.80	0.044	0.050	0.099	0.110	0.209	0.264
	青铅	kg	13.40	7.736	11.381	14.639	19.617	26.892	37.923
	油麻	kg	9.50	0.284	0.418	0.539	0.720	0.987	1.392
	焦炭	kg	1.20	3.098	4.442	5.702	7.098	9.744	12.663
	木柴	kg	0.46	0.263	0.525	0.525	0.840	1.050	1.260
	其他材料费	%	–	5.000	5.000	5.000	5.000	5.000	5.000
机械	汽车式起重机8t	台班	593.97	–	–	–	0.060	0.080	0.100

工作内容:检查及清扫管材、切管、管道安装、化铅、打麻、打铅口。

单位:10m

定 额 编 号			3-4-72	3-4-73	3-4-74	3-4-75	3-4-76
项 目			公称直径(mm)				
			600	700	800	900	1000
基 价 (元)			**888.96**	**1110.27**	**1279.51**	**1505.85**	**1865.46**
其中	人 工 费 (元)		110.40	167.20	174.40	230.80	240.40
	材 料 费 (元)		707.28	853.97	1010.07	1174.08	1456.95
	机 械 费 (元)		71.28	89.10	95.04	100.97	168.11
名 称	单位	单价(元)	消	耗		量	
人工 综合工日	工日	40.00	2.76	4.18	4.36	5.77	6.01
材料	管材	m	–	(10.000)	(10.000)	(10.000)	(10.000)	(10.000)
	氧气	m³	3.60	0.759	0.891	0.990	1.100	1.232
	乙炔气	kg	12.80	0.319	0.374	0.407	0.462	0.517
	青铅	kg	13.40	47.110	56.873	67.327	78.408	97.621
	油麻	kg	9.50	1.730	2.090	2.474	2.879	3.585
	焦炭	kg	1.20	15.414	18.900	22.365	24.507	27.888
	木柴	kg	0.46	1.260	1.470	1.470	1.890	1.890
	其他材料费	%	–	5.000	5.000	5.000	5.000	5.000
机械	汽车式起重机 8t	台班	593.97	0.120	0.150	0.160	0.170	–
	汽车式起重机 16t	台班	933.93	–	–	–	–	0.180

8.承插铸铁管(膨胀水泥接口)

工作内容:检查及清扫管材、切管、管道安装、调制接口材料、接口、养护。

单位:10m

定 额 编 号			3-4-77	3-4-78	3-4-79	3-4-80	3-4-81	3-4-82
项 目			公称直径(mm)					
			100	150	200	300	400	500
基 价 (元)			**27.27**	**35.41**	**60.38**	**104.86**	**124.97**	**160.51**
其中	人 工 费 (元)		22.40	28.40	50.80	56.80	59.20	76.00
	材 料 费 (元)		4.87	7.01	9.58	12.42	18.25	25.11
	机 械 费 (元)		–	–	–	35.64	47.52	59.40
名 称	单位	单价(元)	消	耗		量		
人工 综合工日	工日	40.00	0.56	0.71	1.27	1.42	1.48	1.90
材料 管材	m	–	(10.000)	(10.000)	(10.000)	(10.000)	(10.000)	(10.000)
膨胀水泥	kg	0.47	2.178	3.201	4.114	5.500	7.546	10.648
氧气	m³	3.60	0.099	0.132	0.231	0.264	0.495	0.627
乙炔气	kg	12.80	0.044	0.055	0.099	0.110	0.209	0.264
油麻	kg	9.50	0.284	0.420	0.536	0.725	0.987	1.397
其他材料费	%	–	5.000	5.000	5.000	5.000	5.000	5.000
机械 汽车式起重机8t	台班	593.97	–	–	–	0.060	0.080	0.100

工作内容:检查及清扫管材、切管、管道安装、调制接口材料、接口、养护。

单位:10m

定 额 编 号			3-4-83	3-4-84	3-4-85	3-4-86	3-4-87
项 目			公称直径(mm)				
			600	700	800	900	1000
基 价 (元)			**190.25**	**247.42**	**263.90**	**312.50**	**396.16**
其中	人 工 费 (元)		88.00	121.20	125.60	161.60	167.20
	材 料 费 (元)		30.97	37.12	43.26	49.93	60.85
	机 械 费 (元)		71.28	89.10	95.04	100.97	168.11
名 称	单位	单价(元)	消	耗	量		
人工 综合工日	工日	40.00	2.20	3.03	3.14	4.04	4.18
材料 管材	m	–	(10.000)	(10.000)	(10.000)	(10.000)	(10.000)
膨胀水泥	kg	0.47	13.222	15.961	18.898	22.011	27.401
氧气	m³	3.60	0.759	0.891	0.990	1.100	1.232
乙炔气	kg	12.80	0.319	0.374	0.407	0.462	0.517
油麻	kg	9.50	1.733	2.090	2.478	2.877	3.581
其他材料费	%	–	5.000	5.000	5.000	5.000	5.000
机械 汽车式起重机 8t	台班	593.97	0.120	0.150	0.160	0.170	–
汽车式起重机 16t	台班	933.93	–	–	–	–	0.180

9. 承插球墨铸铁管(胶圈接口)

工作内容:检查及清扫管材、切管、管道安装、选胶圈、上胶圈。

单位:10m

定 额 编 号			3-4-88	3-4-89	3-4-90	3-4-91	3-4-92	3-4-93
项 目			公称直径(mm)					
			100	150	200	300	400	500
基 价 (元)			**47.82**	**71.75**	**97.13**	**163.24**	**258.31**	**360.58**
其中	人 工 费 (元)		33.60	37.60	50.40	53.60	72.80	113.20
	材 料 费 (元)		14.22	34.15	46.73	74.00	137.99	187.98
	机 械 费 (元)		–	–	–	35.64	47.52	59.40
名 称	单位	单价(元)	消		耗		量	
人工 综合工日	工日	40.00	0.84	0.94	1.26	1.34	1.82	2.83
材料 管材	m	–	(10.000)	(10.000)	(10.000)	(10.000)	(10.000)	(10.000)
橡胶圈(给水) DN100	个	4.98	2.575	–	–	–	–	–
橡胶圈(给水) DN150	个	12.45	–	2.575	–	–	–	–
橡胶圈(给水) DN200	个	16.95	–	–	2.575	–	–	–
橡胶圈(给水) DN300	个	34.30	–	–	–	2.060	–	–
橡胶圈(给水) DN400	个	64.40	–	–	–	–	2.060	–
橡胶圈(给水) DN500	个	88.00	–	–	–	–	–	2.060
氧气	m³	3.60	0.088	0.132	0.231	0.264	0.495	0.627
乙炔气	kg	12.80	0.029	0.044	0.077	0.088	0.165	0.209
润滑剂	kg	8.00	0.088	0.131	0.158	0.158	0.179	0.221
机械 汽车式起重机 8t	台班	593.97	–	–	–	0.060	0.080	0.100

二、中压管道

1. 碳钢管、复合钢管(电弧焊)

工作内容:管子切口、坡口加工、坡口磨平、管口组对、焊接、垂直运输、管道安装。

单位:10m

定 额 编 号			3-4-94	3-4-95	3-4-96	3-4-97	3-4-98	3-4-99
项 目			公称直径(mm)					
			100	125	150	200	250	300
基 价 (元)			**87.14**	**103.21**	**117.05**	**170.77**	**441.68**	**261.10**
其中	人 工 费 (元)		39.20	38.40	39.60	54.40	65.60	68.40
	材 料 费 (元)		9.35	10.77	14.41	24.43	36.40	40.48
	机 械 费 (元)		38.59	54.04	63.04	91.94	339.68	152.22
名 称	单位	单价(元)	消	耗		量		
人工	综合工日	工日	40.00	0.98	0.96	0.99	1.36	1.64	1.71
材料	管材	m	–	(9.570)	(9.410)	(9.410)	(9.410)	(9.360)	(9.360)
	电焊条	kg	4.40	0.639	0.749	1.074	2.040	3.318	3.829
	氧气	m³	3.60	0.585	0.662	0.832	1.256	1.700	1.862
	乙炔气	kg	12.80	0.195	0.221	0.277	0.419	0.567	0.621
	尼龙砂轮片 φ100	片	10.34	0.144	0.169	0.238	0.426	0.647	0.682
	其他材料费	%	–	5.000	5.000	5.000	5.000	5.000	5.000
机械	交流电焊机 30kV·A	台班	140.46	0.104	0.126	0.151	0.230	0.301	0.343
	直流电焊机 20kW	台班	133.54	0.104	0.126	0.151	0.230	0.301	0.343
	汽车式起重机 8t	台班	593.97	–	0.011	0.013	0.023	0.400	0.054
	柴油发电机 50kW	台班	726.66	–	–	–	0.021	0.027	0.036
	柴油发电机 30kW	台班	480.69	0.021	0.027	0.029	–	–	–

工作内容:管子切口、坡口加工、坡口磨平、管口组对、焊接、垂直运输、管道安装。　　　　　　　　　　　单位:10m

定 额 编 号			3-4-100	3-4-101	3-4-102	3-4-103	3-4-104
项 目			公称直径(mm)				
			350	400	450	500	600
基 价 (元)			**308.97**	**381.05**	**451.00**	**528.17**	**648.56**
其中	人 工 费 (元)		82.80	96.40	124.00	145.20	174.00
	材 料 费 (元)		53.15	69.03	83.81	96.87	116.11
	机 械 费 (元)		173.02	215.62	243.19	286.10	358.45
名 称	单位	单价(元)	消	耗	量		
人工 综合工日	工日	40.00	2.07	2.41	3.10	3.63	4.35
材料	管材	m	–	(9.360)	(9.360)	(9.250)	(9.250)	(11.100)
	电焊条	kg	4.40	5.710	7.802	9.692	11.582	13.898
	氧气	m³	3.60	2.024	2.425	2.837	3.061	3.673
	乙炔气	kg	12.80	0.675	0.808	0.946	1.020	1.224
	尼龙砂轮片 $\phi100$	片	10.34	0.925	1.194	1.436	1.665	1.986
	其他材料费	%	–	5.000	5.000	5.000	5.000	5.000
机械	交流电焊机 30kV·A	台班	140.46	0.384	0.492	0.536	0.629	0.815
	直流电焊机 20kW	台班	133.54	0.384	0.492	0.536	0.629	0.815
	汽车式起重机 8t	台班	593.97	0.064	0.081	0.101	0.123	0.148
	柴油发电机 50kW	台班	726.66	0.041	0.045	0.050	0.056	0.065

2. 碳钢管、复合钢管(氩电联焊)

工作内容:管子切口、坡口加工、坡口磨平、管口组对、焊接、垂直运输、管道安装。

单位:10m

定 额 编 号			3-4-105	3-4-106	3-4-107	3-4-108	3-4-109	3-4-110	3-4-111	3-4-112	3-4-113
项 目			公称直径(mm)								
			100	125	150	200	250	300	350	400	450
基 价 (元)			**149.64**	**170.83**	**195.54**	**268.24**	**353.47**	**381.12**	**436.41**	**515.54**	**591.01**
其中	人 工 费 (元)		45.60	46.00	43.60	58.80	70.40	74.00	90.40	105.20	107.20
	材 料 费 (元)		11.90	13.80	17.54	27.15	39.08	43.19	54.39	69.49	87.50
	机 械 费 (元)		92.14	111.03	134.40	182.29	243.99	263.93	291.62	340.85	396.31
名 称	单位	单价(元)	消			耗			量		
人工	综合工日	工日	40.00	1.14	1.15	1.09	1.47	1.76	1.85	2.26	2.63	2.68
材料	管材	m	—	(9.570)	(9.410)	(9.410)	(9.410)	(9.360)	(9.360)	(9.360)	(9.360)	(9.250)
	电焊条	kg	4.40	0.506	0.592	0.879	1.747	2.918	3.427	5.185	7.147	9.649
	碳钢焊丝	kg	8.20	0.054	0.064	0.077	0.106	0.132	0.136	0.140	0.158	0.178
	氧气	m³	3.60	0.519	0.585	0.827	1.256	1.700	1.862	2.024	2.425	2.837
	乙炔气	kg	12.80	0.173	0.195	0.276	0.419	0.567	0.621	0.675	0.808	0.946
	氩气	m³	15.00	0.151	0.179	0.215	0.296	0.370	0.381	0.391	0.441	0.498

单位:10m

定 额 编 号				3-4-105	3-4-106	3-4-107	3-4-108	3-4-109	3-4-110	3-4-111	3-4-112	3-4-113
项 目				公称直径(mm)								
				100	125	150	200	250	300	350	400	450
材 料	铈钨棒	g	0.69	0.302	0.358	0.429	0.593	0.740	0.761	0.782	0.883	0.995
	尼龙砂轮片 φ100	片	10.34	0.144	0.169	0.210	0.248	0.373	0.391	0.533	0.691	0.865
	尼龙砂轮片 φ500	片	13.48	0.046	0.054	–	–	–	–	–	–	–
	其他材料费	%	–	5.000	5.000	5.000	5.000	5.000	5.000	5.000	5.000	5.000
机 械	交流电焊机 30kV·A	台班	140.46	0.084	0.101	0.129	0.198	0.267	0.308	0.350	0.452	0.568
	直流电焊机 20kW	台班	133.54	0.084	0.101	0.129	0.198	0.267	0.308	0.350	0.452	0.568
	氩弧焊机 500A	台班	162.47	0.079	0.094	0.113	0.156	0.194	0.200	0.205	0.232	0.261
	砂轮切割机 500mm	台班	46.24	0.010	0.010	–	–	–	–	–	–	–
	半自动切割机 100mm	台班	149.52	–	–	0.081	0.116	0.149	0.157	0.164	0.190	0.221
	汽车式起重机 8t	台班	593.97	0.077	0.092	0.092	0.118	0.164	0.164	0.182	0.199	0.217
	柴油发电机 50kW	台班	726.66	–	–	–	0.021	0.027	0.036	0.041	0.045	0.050
	柴油发电机 30kW	台班	480.69	0.021	0.027	0.029	–	–	–	–	–	–

3. 复合钢管(法兰连接)

工作内容:下管、管口组对、法兰连接、管道安装。

单位:10m

定 额 编 号			3-4-114	3-4-115	3-4-116	3-4-117	3-4-118	3-4-119
项 目			公称直径(mm)					
			100	125	150	200	250	300
基 价 (元)			**130.48**	**182.48**	**194.61**	**210.60**	**274.13**	**293.51**
其中	人 工 费 (元)		42.80	51.20	58.00	71.20	92.80	106.00
	材 料 费 (元)		81.15	120.59	125.92	126.93	164.70	166.13
	机 械 费 (元)		6.53	10.69	10.69	12.47	16.63	21.38
名 称	单位	单价(元)	消		耗		量	
人工 综合工日	工日	40.00	1.07	1.28	1.45	1.78	2.32	2.65
材料 管材	m	–	(10.000)	(10.000)	(10.000)	(10.000)	(10.000)	(10.000)
螺栓带帽	kg	6.80	10.300	15.450	15.450	15.450	20.600	20.600
石棉橡胶板 低中压δ0.8~6	kg	12.49	0.580	0.784	1.190	1.267	1.343	1.452
其他材料费	%	–	5.000	5.000	5.000	5.000	5.000	5.000
机械 汽车式起重机 8t	台班	593.97	0.011	0.018	0.018	0.021	0.028	0.036

工作内容：下管、管口组对、法兰连接、管道安装。

单位：10m

定 额 编 号				3-4-120	3-4-121	3-4-122	3-4-123	3-4-124
项 目				公称直径(mm)				
				350	400	450	500	600
基 价 （元）				**372.22**	**400.21**	**525.57**	**553.48**	**663.01**
其中	人 工 费 （元）			141.20	158.00	199.20	220.40	279.60
	材 料 费 （元）			204.89	210.73	288.95	289.72	325.79
	机 械 费 （元）			26.13	31.48	37.42	43.36	57.62
名 称		单位	单价(元)	消	耗		量	
人工	综合工日	工日	40.00	3.53	3.95	4.98	5.51	6.99
材料	管材	m	－	(10.000)	(10.000)	(10.000)	(10.000)	(10.000)
	螺栓带帽	kg	6.80	25.750	25.750	36.050	36.050	41.200
	石棉橡胶板 低中压 δ0.8~6	kg	12.49	1.604	2.049	2.406	2.465	2.411
	其他材料费	%	－	5.000	5.000	5.000	5.000	5.000
机械	汽车式起重机 8t	台班	593.97	0.044	0.053	0.063	0.073	0.097

三、高压管道

1. 碳钢管、复合钢管(电弧焊)

工作内容:管子切口、坡口加工、坡口磨平、管口组对、焊接、垂直运输、管道安装。

单位:10m

定额编号			3-4-125	3-4-126	3-4-127	3-4-128	3-4-129
项目			公称直径(mm)				
			100	125	150	200	250
基价(元)			**212.75**	**269.35**	**361.22**	**502.67**	**655.05**
其中	人工费(元)		122.80	140.40	177.20	215.60	239.60
	材料费(元)		13.81	22.52	34.55	57.50	84.08
	机械费(元)		76.14	106.43	149.47	229.57	331.37
名称	单位	单价(元)	消	耗		量	
人工 综合工日	工日	40.00	3.07	3.51	4.43	5.39	5.99
材料 管材	m	–	(9.530)	(9.380)	(9.380)	(9.380)	(9.320)
电焊条	kg	4.40	2.410	4.159	6.540	10.178	14.922
氧气	m³	3.60	0.151	0.183	0.267	0.375	0.513
乙炔气	kg	12.80	0.050	0.061	0.089	0.125	0.171
尼龙砂轮片 φ100	片	10.34	0.132	0.165	0.196	0.680	1.004
其他材料费	%	–	5.000	5.000	5.000	5.000	5.000
机械 交流电焊机 30kV·A	台班	140.46	0.163	0.237	0.345	0.529	0.768
直流电焊机 20kW	台班	133.54	0.163	0.237	0.345	0.529	0.768
半自动切割机 100mm	台班	149.52	–	–	0.012	0.019	0.042
汽车式起重机 8t	台班	593.97	0.036	0.048	0.066	0.112	0.160
柴油发电机 50kW	台班	726.66	–	–	–	0.021	0.027
柴油发电机 30kW	台班	480.69	0.021	0.027	0.029	–	–

工作内容:管子切口、坡口加工、坡口磨平、管口组对、焊接、垂直运输、管道安装。

单位:10m

定 额 编 号			3-4-130	3-4-131	3-4-132	3-4-133	3-4-134
项 目			公称直径(mm)				
			300	350	400	450	500
基 价 (元)			**743.44**	**949.38**	**1165.07**	**1465.21**	**1706.12**
其中	人 工 费 (元)		260.00	297.20	330.80	367.20	403.20
	材 料 费 (元)		93.98	125.77	165.97	215.29	262.03
	机 械 费 (元)		389.46	526.41	668.30	882.72	1040.89
名 称	单位	单价(元)	消	耗		量	
人工 综合工日	工日	40.00	6.50	7.43	8.27	9.18	10.08
材料	管材	m	–	(9.320)	(9.320)	(9.320)	(9.220)	(9.220)
	电焊条	kg	4.40	16.944	23.001	30.747	40.291	49.030
	氧气	m³	3.60	0.564	0.614	0.706	0.946	1.081
	乙炔气	kg	12.80	0.188	0.205	0.235	0.315	0.360
	尼龙砂轮片 φ100	片	10.34	1.017	1.329	1.666	1.965	2.449
	其他材料费	%	–	5.000	5.000	5.000	5.000	5.000
机械	交流电焊机 30kV·A	台班	140.46	0.838	1.098	1.428	1.852	2.261
	直流电焊机 20kW	台班	133.54	0.838	1.098	1.428	1.852	2.261
	半自动切割机 100mm	台班	149.52	0.044	0.054	0.061	0.074	0.099
	汽车式起重机 8t	台班	593.97	0.214	0.316	0.396	0.552	0.616
	柴油发电机 50kW	台班	726.66	0.036	0.041	0.045	0.050	0.056

2. 碳钢管、复合钢管(氩电联焊)

工作内容:管子切口、坡口加工、管口组对、焊接、管口封闭、垂直运输、管道安装。　　　　　　　　　　　　　单位:10m

定　额　编　号			3-4-135	3-4-136	3-4-137	3-4-138	3-4-139
项　　　目			公称直径(mm)				
			100	125	150	200	250
基　　　价　　(元)			**225.63**	**284.74**	**377.86**	**526.52**	**678.96**
其中	人　工　费　　(元)		127.20	145.60	183.20	223.20	250.40
	材　料　费　　(元)		14.92	24.10	36.11	59.72	84.61
	机　械　费　　(元)		83.51	115.04	158.55	243.60	343.95
名　　　称	单位	单价(元)	消	耗		量	
人工 综合工日	工日	40.00	3.18	3.64	4.58	5.58	6.26
材料 管材	m	—	(9.530)	(9.380)	(9.380)	(9.380)	(9.320)
电焊条	kg	4.40	2.057	3.847	6.097	9.506	13.958
碳钢焊丝	kg	8.20	0.047	0.054	0.064	0.096	0.105
氧气	m³	3.60	0.151	0.183	0.267	0.375	0.422
乙炔气	kg	12.80	0.050	0.061	0.089	0.125	0.141
氩气	m³	15.00	0.132	0.153	0.177	0.270	0.294
铈钨棒	g	0.69	0.264	0.306	0.353	0.539	0.586
尼龙砂轮片 φ100	片	10.34	0.138	0.158	0.197	0.666	0.983
其他材料费	%	—	5.000	5.000	5.000	5.000	5.000
机械 直流电焊机 20kW	台班	133.54	0.149	0.221	0.323	0.496	0.722
交流电焊机 30kV·A	台班	140.46	0.149	0.221	0.323	0.496	0.722
氩弧焊机 500A	台班	162.47	0.069	0.080	0.093	0.142	0.155
半自动切割机 100mm	台班	149.52	—	—	0.012	0.019	0.042
汽车式起重机 8t	台班	593.97	0.036	0.048	0.066	0.112	0.160
柴油发电机 50kW	台班	726.66	—	—	—	0.021	0.027
柴油发电机 30kW	台班	480.69	0.021	0.027	0.029	—	—

工作内容:管子切口、坡口加工、管口组对、焊接、管口封闭、垂直运输、管道安装。

单位:10m

定　额　编　号			3-4-140	3-4-141	3-4-142	3-4-143	3-4-144
项　　目			公称直径(mm)				
			300	350	400	450	500
基　　　价　(元)			**770.00**	**977.36**	**1193.76**	**1489.84**	**1734.40**
其中	人　工　费　(元)		271.60	308.80	344.00	382.00	420.40
	材　料　费　(元)		94.69	126.79	166.10	213.39	259.88
	机　械　费　(元)		403.71	541.77	683.66	894.45	1054.12
名　　称	单位	单价(元)	消	耗		量	
人工 综合工日	工日	40.00	6.79	7.72	8.60	9.55	10.51
材料 管材	m	—	(9.320)	(9.320)	(9.320)	(9.220)	(9.220)
电焊条	kg	4.40	15.927	21.666	29.017	38.112	46.377
碳钢焊丝	kg	8.20	0.113	0.132	0.150	0.152	0.188
氧气	m³	3.60	0.468	0.614	0.706	0.946	1.081
乙炔气	kg	12.80	0.156	0.205	0.235	0.315	0.360
氩气	m³	15.00	0.317	0.370	0.420	0.426	0.527
铈钨棒	g	0.69	0.633	0.741	0.840	0.852	1.055
尼龙砂轮片 φ100	片	10.34	0.996	1.300	1.630	1.922	2.396
其他材料费	%	—	5.000	5.000	5.000	5.000	5.000
机械 直流电焊机 20kW	台班	133.54	0.791	1.039	1.353	1.762	2.145
交流电焊机 30kV·A	台班	140.46	0.791	1.039	1.353	1.762	2.145
氩弧焊机 500A	台班	162.47	0.167	0.194	0.221	0.224	0.277
半自动切割机 100mm	台班	149.52	0.044	0.054	0.061	0.074	0.099
汽车式起重机 8t	台班	593.97	0.214	0.316	0.396	0.552	0.616
柴油发电机 50kW	台班	726.66	0.036	0.041	0.045	0.050	0.056

3. 复合钢管、铸铁管(法兰连接)

工作内容: 下管、管口组对、法兰连接、管道安装。

单位:10m

定　额　编　号			3-4-145	3-4-146	3-4-147	3-4-148	3-4-149
项　　目			公称直径(mm)				
			100	125	150	200	250
基　　　价　（元）			**132.48**	**184.88**	**197.41**	**214.20**	**278.53**
其中	人　工　费　（元）		44.80	53.60	60.80	74.80	97.20
	材　料　费　（元）		81.15	120.59	125.92	126.93	164.70
	机　械　费　（元）		6.53	10.69	10.69	12.47	16.63
名　　　称	单位	单价(元)	消	耗		量	
人工 综合工日	工日	40.00	1.12	1.34	1.52	1.87	2.43
材料 管材	m	–	(10.000)	(10.000)	(10.000)	(10.000)	(10.000)
螺栓带帽	kg	6.80	10.300	15.450	15.450	15.450	20.600
石棉橡胶板　低中压δ0.8~6	kg	12.49	0.580	0.784	1.190	1.267	1.343
其他材料费	%	–	5.000	5.000	5.000	5.000	5.000
机械 汽车式起重机 8t	台班	593.97	0.011	0.018	0.018	0.021	0.028

工作内容:下管、管口组对、法兰连接、管道安装。

单位:10m

定 额 编 号				3-4-150	3-4-151	3-4-152	3-4-153	3-4-154
项 目				公称直径(mm)				
				300	350	400	450	500
基 价 (元)				**298.71**	**379.02**	**407.81**	**535.17**	**563.88**
其 中	人 工 费 (元)			111.20	148.00	165.60	208.80	230.80
	材 料 费 (元)			166.13	204.89	210.73	288.95	289.72
	机 械 费 (元)			21.38	26.13	31.48	37.42	43.36
名 称		单位	单价(元)	消	耗		量	
人工	综合工日	工日	40.00	2.78	3.70	4.14	5.22	5.77
材 料	管材	m	—	(10.000)	(10.000)	(10.000)	(10.000)	(10.000)
	螺栓带帽	kg	6.80	20.600	25.750	25.750	36.050	36.050
	石棉橡胶板 低中压δ0.8~6	kg	12.49	1.452	1.604	2.049	2.406	2.465
	其他材料费	%	—	5.000	5.000	5.000	5.000	5.000
机 械	汽车式起重机 8t	台班	593.97	0.036	0.044	0.053	0.063	0.073

四、低压管件

1.碳钢管件(电弧焊)

工作内容:管子切口、坡口加工、坡口磨平、管口组对、焊接。

单位:10 个

定 额 编 号			3-4-155	3-4-156	3-4-157	3-4-158	3-4-159
项 目			公称直径(mm)				
			80	100	125	150	200
基 价 (元)			**326.83**	**457.27**	**510.65**	**676.38**	**926.41**
其中	人 工 费 (元)		75.20	83.60	92.80	142.40	169.60
	材 料 费 (元)		41.20	67.89	71.51	95.58	139.85
	机 械 费 (元)		210.43	305.78	346.34	438.40	616.96
名 称	单位	单价(元)	消	耗		量	
人工 综合工日	工日	40.00	1.88	2.09	2.32	3.56	4.24
材料 管件	个	–	(10.000)	(10.000)	(10.000)	(10.000)	(10.000)
电焊条	kg	4.40	2.456	4.572	5.068	6.690	11.018
氧气	m³	3.60	2.248	3.370	3.468	4.606	6.389
乙炔气	kg	12.80	0.751	1.124	1.155	1.535	2.131
尼龙砂轮片 φ100	片	10.34	1.037	1.743	1.793	2.453	3.330
其他材料费	%	–	5.000	5.000	5.000	5.000	5.000
机械 交流电焊机 30kV·A	台班	140.46	0.768	1.116	1.264	1.600	2.230
直流电焊机 20kW	台班	133.54	0.768	1.116	1.264	1.600	2.230
汽车式起重机 8t	台班	593.97	–	–	–	–	0.010

工作内容:管子切口、坡口加工、坡口磨平、管口组对、焊接。

单位:10 个

定　额　编　号			3-4-160	3-4-161	3-4-162	3-4-163	3-4-164	3-4-165
项　　目			公称直径(mm)					
			250	300	350	400	450	500
基　　价　　(元)			1336.21	1566.92	1959.73	2217.21	2697.79	3021.27
其中	人　工　费　(元)		233.20	249.20	284.00	319.20	374.40	420.80
	材　料　费　(元)		225.66	264.36	389.43	437.48	595.07	666.08
	机　械　费　(元)		877.35	1053.36	1286.30	1460.53	1728.32	1934.39
名　　称	单位	单价(元)	消	耗		量		
人工 综合工日	工日	40.00	5.83	6.23	7.10	7.98	9.36	10.52
材料 管件	个	-	(10.000)	(10.000)	(10.000)	(10.000)	(10.000)	(10.000)
电焊条	kg	4.40	21.668	25.850	40.970	46.362	68.596	75.834
氧气	m³	3.60	9.513	10.745	14.075	15.520	18.062	20.941
乙炔气	kg	12.80	3.172	3.583	4.692	5.174	6.021	6.981
尼龙砂轮片 φ100	片	10.34	4.326	5.173	7.726	8.758	11.878	13.148
其他材料费	%	-	5.000	5.000	5.000	5.000	5.000	5.000
机械 交流电焊机 30kV·A	台班	140.46	3.163	3.788	4.610	5.222	6.143	6.791
直流电焊机 20kW	台班	133.54	3.163	3.788	4.610	5.222	6.143	6.791
汽车式起重机 8t	台班	593.97	0.018	0.026	0.039	0.050	0.076	0.124

2. 碳钢管件(氩电联焊)

工作内容:管子切口、坡口加工、坡口磨平、管口组对、焊接。

单位:10 个

定 额 编 号			3-4-166	3-4-167	3-4-168	3-4-169	3-4-170
项 目			公称直径(mm)				
			80	100	125	150	200
基 价 (元)			394.26	568.41	621.46	855.18	1213.38
其中	人 工 费 (元)		86.00	91.20	100.00	120.40	139.20
	材 料 费 (元)		68.32	99.09	108.42	137.18	208.76
	机 械 费 (元)		239.94	378.12	413.04	597.60	865.42
名 称	单位	单价(元)	消	耗		量	
人工 综合工日	工日	40.00	2.15	2.28	2.50	3.01	3.48
材料 管件	个	–	(10.000)	(10.000)	(10.000)	(10.000)	(10.000)
电焊条	kg	4.40	1.230	2.912	3.098	4.656	8.116
碳钢焊丝	kg	8.20	0.518	0.660	0.784	0.938	1.296
氧气	m³	3.60	1.628	2.416	2.456	4.358	6.389
乙炔气	kg	12.80	0.544	0.806	0.818	1.451	2.131
氩气	m³	15.00	1.450	1.848	2.196	2.626	3.628
铈钨棒	g	0.69	2.900	3.696	4.392	5.252	7.256
尼龙砂轮片 φ100	片	10.34	1.235	1.731	1.781	2.437	4.137
尼龙砂轮片 φ500	片	13.48	0.450	0.665	0.705	–	–
其他材料费	%	–	5.000	5.000	5.000	5.000	5.000
机械 交流电焊机 30kV·A	台班	140.46	0.407	0.778	0.795	1.127	1.677
直流电焊机 20kW	台班	133.54	0.407	0.778	0.795	1.127	1.677
氩弧焊机 500A	台班	162.47	0.762	0.970	1.154	1.380	1.906
砂轮切割机 500mm	台班	46.24	0.100	0.159	0.167	–	–
半自动切割机 100mm	台班	149.52	–	–	–	0.432	0.604
汽车式起重机 8t	台班	593.97	–	–	–	–	0.010

工作内容:管子切口、坡口加工、坡口磨平、管口组对、焊接。

单位:10 个

定 额 编 号			3-4-171	3-4-172	3-4-173	3-4-174	3-4-175	3-4-176
项 目			公称直径(mm)					
			250	300	350	400	450	500
基 价 (元)			1727.21	2028.69	2530.94	2859.13	3451.78	3857.51
其中	人 工 费 (元)		190.40	202.00	224.40	254.00	300.00	334.80
	材 料 费 (元)		298.14	351.49	487.46	548.85	720.13	801.01
	机 械 费 (元)		1238.67	1475.20	1819.08	2056.28	2431.65	2721.70
名 称	单位	单价(元)	消	耗		量		
人工 综合工日	工日	40.00	4.76	5.05	5.61	6.35	7.50	8.37
材料 管件	个	–	(10.000)	(10.000)	(10.000)	(10.000)	(10.000)	(10.000)
电焊条	kg	4.40	17.700	21.114	34.984	39.590	60.228	66.586
碳钢焊丝	kg	8.20	1.604	1.926	2.222	2.522	2.834	3.142
氧气	m³	3.60	9.513	10.745	14.075	15.520	18.482	20.941
乙炔气	kg	12.80	3.172	3.583	4.692	5.174	6.161	6.981
氩气	m³	15.00	4.492	5.392	6.222	7.062	7.936	8.798
铈钨棒	g	0.69	8.984	10.784	12.444	14.124	15.872	17.596
尼龙砂轮片 φ100	片	10.34	4.302	5.144	7.684	8.710	11.819	13.082
其他材料费	%	–	5.000	5.000	5.000	5.000	5.000	5.000
机械 交流电焊机 30kV·A	台班	140.46	2.612	3.131	3.964	4.486	5.421	5.994
直流电焊机 20kW	台班	133.54	2.612	3.131	3.964	4.486	5.421	5.994
氩弧焊机 500A	台班	162.47	2.358	2.832	3.268	3.708	4.168	4.620
半自动切割机 100mm	台班	149.52	0.864	0.948	1.196	1.304	1.498	1.706
汽车式起重机 8t	台班	593.97	0.018	0.026	0.039	0.050	0.076	0.124

3. 碳钢板卷管件 (电弧焊)

工作内容: 管子切口、坡口加工、坡口磨平、管口组对、焊接。

单位:10 个

定 额 编 号			3-4-177	3-4-178	3-4-179	3-4-180	3-4-181	3-4-182	3-4-183	3-4-184
项 目			公称直径 (mm)							
			200	250	300	350	400	450	500	600
基 价 (元)			**666.60**	**821.96**	**989.37**	**1350.23**	**1526.03**	**1725.01**	**1913.35**	**2434.60**
其中	人 工 费 (元)		152.00	189.20	240.00	294.00	330.80	382.00	421.60	328.00
	材 料 费 (元)		149.40	178.37	204.11	318.98	355.78	393.91	433.23	570.99
	机 械 费 (元)		365.20	454.39	545.26	737.25	839.45	949.10	1058.52	1535.61
名 称	单位	单价(元)	消 耗 量							
人工 综合工日	工日	40.00	3.80	4.73	6.00	7.35	8.27	9.55	10.54	8.20
材料	管件	个	–	(10.000)	(10.000)	(10.000)	(10.000)	(10.000)	(10.000)	(10.000)	(10.000)
	电焊条	kg	4.40	11.018	13.978	16.666	30.034	33.970	38.152	42.670	63.617
	氧气	m³	3.60	8.640	9.665	10.481	13.907	15.110	16.275	17.415	21.567
	乙炔气	kg	12.80	2.881	3.222	3.494	4.635	5.037	5.425	5.806	7.190
	尼龙砂轮片 φ100	片	10.34	2.498	3.127	3.734	6.020	6.818	7.665	8.495	9.111
	其他材料费	%	–	5.000	5.000	5.000	5.000	5.000	5.000	5.000	5.000
机械	交流电焊机 30kV·A	台班	140.46	1.322	1.641	1.964	2.656	3.003	3.388	3.770	5.470
	直流电焊机 20kW	台班	133.54	1.322	1.641	1.964	2.656	3.003	3.388	3.770	5.470
	汽车式起重机 8t	台班	593.97	0.005	0.008	0.012	0.016	0.028	0.035	0.043	0.062

4. 承插铸铁管件(石棉水泥接口)

工作内容:切管、管口处理、管件安装、调制接口材料、接口、养护。

单位:10 个

定 额 编 号			3-4-185	3-4-186	3-4-187	3-4-188	3-4-189
项 目			公称直径(mm)				
			100	150	200	300	400
基 价 (元)			**339.47**	**350.69**	**446.47**	**667.32**	**921.74**
其中	人 工 费 (元)		204.00	278.00	348.00	446.40	569.60
	材 料 费 (元)		135.47	72.69	98.47	161.52	233.35
	机 械 费 (元)		–	–	–	59.40	118.79
名 称	单位	单价(元)	消	耗		量	
人工 综合工日	工日	40.00	5.10	6.95	8.70	11.16	14.24
材料	管件	个	–	(10.000)	(10.000)	(10.000)	(10.000)	(10.000)
	氧气	m³	3.60	0.750	1.010	1.830	2.640	4.950
	乙炔气	kg	12.80	0.310	0.420	0.750	1.100	2.070
	水泥 32.5	kg	0.27	11.350	16.700	21.470	35.970	49.280
	石棉绒	kg	3.60	4.530	6.660	8.570	14.350	19.680
	油麻	kg	9.50	10.840	3.340	4.310	7.250	9.870
	其他材料费	%	–	5.000	5.000	5.000	5.000	5.000
机械	汽车式起重机 8t	台班	593.97	–	–	–	0.100	0.200

工作内容:切管、管口处理、管件安装、调制接口材料、接口、养护。   单位:10个

定 额 编 号			3-4-190	3-4-191	3-4-192	3-4-193	3-4-194	3-4-195
项 目			公称直径(mm)					
			500	600	700	800	900	1000
基 价 (元)			**1261.04**	**1645.28**	**2167.10**	**2301.24**	**3138.76**	**3636.35**
其中	人 工 费 (元)		759.60	949.20	1390.80	1443.60	2015.20	2095.20
	材 料 费 (元)		323.25	399.09	479.31	560.65	648.38	794.01
	机 械 费 (元)		178.19	296.99	296.99	296.99	475.18	747.14
名 称	单位	单价(元)	消	耗		量		
人工 综合工日	工日	40.00	18.99	23.73	34.77	36.09	50.38	52.38
材料 管件	个	-	(10.000)	(10.000)	(10.000)	(10.000)	(10.000)	(10.000)
氧气	m³	3.60	6.270	7.590	8.910	9.900	11.000	12.320
乙炔气	kg	12.80	2.640	3.190	3.740	4.070	4.620	5.170
水泥 32.5	kg	0.27	69.520	86.350	104.280	123.420	143.770	178.860
石棉绒	kg	3.60	27.780	34.440	41.620	49.300	57.400	71.440
油麻	kg	9.50	13.970	17.330	20.900	24.780	28.770	35.810
其他材料费	%	-	5.000	5.000	5.000	5.000	5.000	5.000
机械 汽车式起重机 8t	台班	593.97	0.300	0.500	0.500	0.500	0.800	-
汽车式起重机 16t	台班	933.93	-	-	-	-	-	0.800

5. 承插铸铁管件(青铅接口)

工作内容: 切管、管口处理、管件安装、管件安装、化铅、接口。

单位:10个

定 额 编 号			3-4-196	3-4-197	3-4-198	3-4-199	3-4-200
项 目			公称直径(mm)				
			100	150	200	300	400
基 价 (元)			**1164.58**	**1681.35**	**2168.61**	**3474.98**	**4862.77**
其中	人 工 费 (元)		232.00	310.80	401.20	465.20	687.20
	材 料 费 (元)		932.58	1370.55	1767.41	2950.38	4056.78
	机 械 费 (元)		–	–	–	59.40	118.79
名 称	单位	单价(元)	消	耗	量		
人工 综合工日	工日	40.00	5.80	7.77	10.03	11.63	17.18
材料	管件	个	–	(10.000)	(10.000)	(10.000)	(10.000)	(10.000)
	青铅	kg	13.40	61.880	91.040	117.120	196.170	268.920
	氧气	m³	3.60	0.750	1.010	1.830	2.640	4.950
	乙炔气	kg	12.80	0.310	0.420	0.750	1.100	2.070
	油麻	kg	9.50	2.270	3.340	4.310	7.200	9.870
	焦炭	kg	1.20	24.780	35.490	45.570	70.980	97.440
	木柴	kg	0.46	2.200	4.400	4.400	8.800	11.000
	其他材料费	%	–	5.000	5.000	5.000	5.000	5.000
机械	汽车式起重机 8t	台班	593.97	–	–	–	0.100	0.200

工作内容:切管、管口处理、管件安装、管件安装、化铅、接口。

单位:10个

定　额　编　号			3-4-201	3-4-202	3-4-203	3-4-204	3-4-205	3-4-206
项　　　目			公称直径(mm)					
			500	600	700	800	900	1000
基　　　价　(元)			**6871.52**	**8612.49**	**10828.39**	**12478.44**	**15126.79**	**18307.83**
其中	人　工　费　(元)		993.60	1242.40	1990.80	2080.40	2910.40	2990.80
	材　料　费　(元)		5699.73	7073.10	8540.60	10101.05	11741.21	14569.89
	机　械　费　(元)		178.19	296.99	296.99	296.99	475.18	747.14
名　　称	单位	单价(元)	消		耗		量	
人工 综合工日	工日	40.00	24.84	31.06	49.77	52.01	72.76	74.77
材料	管件	个	–	(10.000)	(10.000)	(10.000)	(10.000)	(10.000)	(10.000)
	青铅	kg	13.40	379.230	471.100	568.770	673.270	784.080	976.210
	氧气	m³	3.60	6.270	7.590	8.910	9.900	11.000	12.320
	乙炔气	kg	12.80	2.640	3.190	3.740	4.070	4.620	5.170
	油麻	kg	9.50	13.920	17.300	20.900	24.740	28.790	35.850
	焦炭	kg	1.20	126.630	154.140	189.000	223.650	245.070	278.880
	木柴	kg	0.46	13.200	13.200	15.400	15.400	19.800	19.800
	其他材料费	%	–	5.000	5.000	5.000	5.000	5.000	5.000
机械	汽车式起重机 8t	台班	593.97	0.300	0.500	0.500	0.500	0.800	–
	汽车式起重机 16t	台班	933.93						0.800

6.承插铸铁管件(膨胀水泥接口)

工作内容:切管、管口处理、管件安装、管件安装、调制接口材料、接口、养护。

单位:10 个

定　额　编　号			3-4-207	3-4-208	3-4-209	3-4-210	3-4-211
项　　目			公称直径(mm)				
			100	150	200	300	400
基　　价　(元)			**211.83**	**297.81**	**450.41**	**532.42**	**789.41**
其中	人　工　费　(元)		173.60	242.40	314.80	348.80	488.40
	材　料　费　(元)		38.23	55.41	76.21	124.22	182.22
	机　械　费　(元)		–	–	59.40	59.40	118.79
名　　称	单位	单价(元)	消	耗		量	
人工	综合工日	工日	40.00	4.34	6.06	7.87	8.72	12.21
材料	管件	个	–	(10.000)	(10.000)	(10.000)	(10.000)	(10.000)
	氧气	m³	3.60	0.750	1.010	1.830	2.640	4.950
	乙炔气	kg	12.80	0.310	0.420	0.750	1.100	2.070
	膨胀水泥	kg	0.47	17.400	25.590	32.870	55.000	75.460
	油麻	kg	9.50	2.270	3.340	4.310	7.250	9.870
	其他材料费	%	–	5.000	5.000	5.000	5.000	5.000
机械	汽车式起重机 8t	台班	593.97	–	–	0.100	0.100	0.200

工作内容:切管、管口处理、管件安装、管件安装、调制接口材料、接口、养护。

单位:10个

定 额 编 号			3-4-212	3-4-213	3-4-214	3-4-215	3-4-216	3-4-217
项 目			公称直径(mm)					
			500	600	700	800	900	1000
基 价 (元)			**1099.67**	**1490.27**	**1947.78**	**2067.95**	**2742.06**	**3315.22**
其中	人 工 费 (元)		670.40	883.60	1279.60	1338.40	1767.60	1959.60
	材 料 费 (元)		251.08	309.68	371.19	432.56	499.28	608.48
	机 械 费 (元)		178.19	296.99	296.99	296.99	475.18	747.14
名 称	单位	单价(元)	消	耗		量		
人工 综合工日	工日	40.00	16.76	22.09	31.99	33.46	44.19	48.99
材料 管件	个	–	(10.000)	(10.000)	(10.000)	(10.000)	(10.000)	(10.000)
氧气	m³	3.60	6.270	7.590	8.910	9.900	11.000	12.320
乙炔气	kg	12.80	2.640	3.190	3.740	4.070	4.620	5.170
膨胀水泥	kg	0.47	106.480	132.220	159.610	188.980	220.110	274.010
油麻	kg	9.50	13.970	17.330	20.900	24.780	28.770	35.810
其他材料费	%	–	5.000	5.000	5.000	5.000	5.000	5.000
机械 汽车式起重机8t	台班	593.97	0.300	0.500	0.500	0.500	0.800	–
汽车式起重机16t	台班	933.93	–	–	–	–	–	0.800

7. 法兰管件(法兰连接)

工作内容:管口组对、管件连接。

单位:10 个

定 额 编 号				3-4-218	3-4-219	3-4-220	3-4-221	3-4-222
项 目				公称直径(mm)				
				100	125	150	200	250
基 价 (元)				**19.26**	**24.83**	**28.54**	**37.40**	**50.39**
其 中	人 工 费 (元)			14.80	18.80	21.20	22.80	30.00
	材 料 费 (元)			4.46	6.03	7.34	8.66	9.70
	机 械 费 (元)			–	–	–	5.94	10.69
名 称		单位	单价(元)	消	耗	量		
人 工	综合工日	工日	40.00	0.37	0.47	0.53	0.57	0.75
材	管件	个	–	(10.000)	(10.000)	(10.000)	(10.000)	(10.000)
	石棉橡胶板 低中压 δ 0.8~6	kg	12.49	0.340	0.460	0.560	0.660	0.740
料	其他材料费	%	–	5.000	5.000	5.000	5.000	5.000
机 械	汽车式起重机 8t	台班	593.97	–	–	–	0.010	0.018

工作内容:管口组对、管件连接。 单位:10个

定 额 编 号			3-4-223	3-4-224	3-4-225	3-4-226	3-4-227
项 目			公称直径(mm)				
			300	350	400	450	500
基 价 (元)			**61.93**	**79.32**	**119.20**	**143.39**	**192.53**
其中	人 工 费 (元)		36.00	42.00	41.20	46.80	59.20
	材 料 费 (元)		10.49	14.16	48.30	51.45	59.68
	机 械 费 (元)		15.44	23.16	29.70	45.14	73.65
名 称	单位	单价(元)	消	耗	量		
人工	综合工日	工日	40.00	0.90	1.05	1.03	1.17	1.48
材料	管件	个	–	(10.000)	(10.000)	(10.000)	(10.000)	(10.000)
	石棉橡胶板 低中压δ0.8~6	kg	12.49	0.800	1.080	1.380	1.620	1.660
	碳精棒	kg	30.60	–	–	0.940	0.940	1.180
	其他材料费	%	–	5.000	5.000	5.000	5.000	5.000
机械	汽车式起重机 8t	台班	593.97	0.026	0.039	0.050	0.076	0.124

8. 承插球墨铸铁管件(胶圈接口)

工作内容:选胶圈、检查及清理管口、管件安装、上胶圈。

单位:10 个

定　额　编　号			3-4-228	3-4-229	3-4-230	3-4-231	3-4-232	3-4-233
项　　目			公称直径(mm)					
			100	150	200	300	400	500
基　　　价　(元)			**351.26**	**590.50**	**736.33**	**1229.92**	**2094.08**	**2991.98**
其中	人　工　费　(元)		232.00	304.00	344.00	428.00	648.00	840.00
	材　料　费　(元)		119.26	286.50	392.33	754.40	1398.56	1973.79
	机　械　费　(元)		－	－	－	47.52	47.52	178.19
名　　　称	单位	单价(元)	消		耗		量	
人工	综合工日	工日	40.00	5.80	7.60	8.60	10.70	16.20	21.00
材料	管件	个	－	(10.000)	(10.000)	(10.000)	(10.000)	(10.000)	(10.000)
	橡胶圈(给水)DN100	个	4.98	20.600	－	－	－	－	－
	橡胶圈(给水)DN150	个	12.45	－	20.600	－	－	－	－
	橡胶圈(给水)DN200	个	16.95	－	－	20.600	－	－	－
	橡胶圈(给水)DN300	个	34.30	－	－	－	20.600	－	－
	橡胶圈(给水)DN400	个	64.40	－	－	－	－	20.600	－
	橡胶圈(给水)DN500	个	88.00	－	－	－	－	－	20.600
	氧气	m³	3.60	0.680	1.010	1.830	2.640	0.495	6.270
	乙炔气	kg	12.80	0.230	0.340	0.610	0.088	0.165	2.090
	润滑剂	kg	8.00	0.700	1.050	1.260	0.158	0.179	2.210
	其他材料费	%	－	5.000	5.000	5.000	5.000	5.000	5.000
机械	汽车式起重机 8t	台班	593.97	－	－	－	0.080	0.080	0.300

五、中压管件

1. 碳钢管件(电弧焊)

工作内容:管子切口、坡口加工、坡口磨平、管口组对、焊接。

单位:10个

定 额 编 号			3-4-234	3-4-235	3-4-236	3-4-237	3-4-238
项 目			公称直径(mm)				
			100	125	150	200	250
基 价 (元)			**520.88**	**631.80**	**779.95**	**1161.89**	**1571.20**
其中	人 工 费 (元)		118.80	164.40	179.60	250.00	333.20
	材 料 费 (元)		90.27	102.16	137.02	220.13	333.52
	机 械 费 (元)		311.81	365.24	463.33	691.76	904.48
名 称	单位	单价(元)	消	耗		量	
人工 综合工日	工日	40.00	2.97	4.11	4.49	6.25	8.33
材料 管件	个	–	(10.000)	(10.000)	(10.000)	(10.000)	(10.000)
电焊条	kg	4.40	7.284	8.530	12.172	23.032	37.840
氧气	m³	3.60	4.619	5.268	6.534	9.911	13.409
乙炔气	kg	12.80	1.539	1.761	2.179	3.304	4.471
尼龙砂轮片 φ100	片	10.34	1.702	1.766	2.469	2.934	4.414
其他材料费	%	–	5.000	5.000	5.000	5.000	5.000
机械 交流电焊机 30kV·A	台班	140.46	1.138	1.333	1.691	2.503	3.262
直流电焊机 20kW	台班	133.54	1.138	1.333	1.691	2.503	3.262
汽车式起重机 8t	台班	593.97	–	–	–	0.010	0.018

工作内容:管子切口、坡口加工、坡口磨平、管口组对、焊接。

单位:10 个

定 额 编 号			3-4-239	3-4-240	3-4-241	3-4-242	3-4-243
项 目			公称直径(mm)				
			300	350	400	450	500
基 价 (元)			**1917.03**	**2629.05**	**3349.28**	**4201.43**	**4667.22**
其中	人 工 费 (元)		415.60	412.80	475.60	561.60	620.40
	材 料 费 (元)		473.65	659.78	869.81	1121.02	1235.63
	机 械 费 (元)		1027.78	1556.47	2003.87	2518.81	2811.19
名 称	单位	单价(元)	消	耗	量		
人工 综合工日	工日	40.00	10.39	10.32	11.89	14.04	15.51
材料 管件	个	–	(10.000)	(10.000)	(10.000)	(10.000)	(10.000)
电焊条	kg	4.40	57.478	86.186	118.158	158.896	175.842
氧气	m³	3.60	17.096	20.839	25.169	29.269	31.747
乙炔气	kg	12.80	5.698	6.948	8.399	9.756	10.582
尼龙砂轮片 φ100	片	10.34	6.162	8.239	10.675	13.370	14.830
其他材料费	%	–	5.000	5.000	5.000	5.000	5.000
机械 交流电焊机 30kV·A	台班	140.46	4.106	5.596	7.205	9.028	9.991
直流电焊机 20kW	台班	133.54	3.262	5.596	7.205	9.028	9.991
汽车式起重机 8t	台班	593.97	0.026	0.039	0.050	0.076	0.124

2. 碳钢管件(氩电联焊)

工作内容:管子切口,坡口加工,坡口磨平,管口组对、焊接。

单位:10个

定 额 编 号			3-4-244	3-4-245	3-4-246	3-4-247	3-4-248
项 目			公称直径(mm)				
			100	125	150	200	250
基 价 (元)			**639.96**	**772.47**	**993.01**	**1476.74**	**1977.23**
其中	人 工 费 (元)		116.00	158.00	132.00	180.80	244.80
	材 料 费 (元)		118.84	138.78	176.67	274.14	399.73
	机 械 费 (元)		405.12	475.69	684.34	1021.80	1332.70
名 称	单位	单价(元)	消	耗		量	
人工 综合工日	工日	40.00	2.90	3.95	3.30	4.52	6.12
材料 管件	个	–	(10.000)	(10.000)	(10.000)	(10.000)	(10.000)
电焊条	kg	4.40	5.712	6.688	9.882	19.590	33.126
碳钢焊丝	kg	8.20	0.634	0.752	0.902	1.246	1.554
氧气	m³	3.60	3.308	3.742	6.434	9.911	13.409
乙炔气	kg	12.80	1.102	1.246	2.145	3.304	4.471
氩气	m³	15.00	1.776	2.106	2.526	3.448	4.352
铈钨棒	g	0.69	3.552	4.212	5.052	6.976	8.704
尼龙砂轮片 φ100	片	10.34	1.493	1.756	2.455	2.918	4.392
尼龙砂轮片 φ500	片	13.48	0.913	1.076	–	–	–
其他材料费	%	–	5.000	5.000	5.000	5.000	5.000
机械 交流电焊机 30kV·A	台班	140.46	0.893	1.045	1.373	2.129	2.856
直流电焊机 20kW	台班	133.54	0.893	1.045	1.373	2.129	2.856
氩弧焊机 500A	台班	162.47	0.932	1.106	1.326	1.832	2.286
砂轮切割机 500mm	台班	46.24	0.195	0.209	–	–	–
半自动切割机 100mm	台班	149.52	–	–	0.620	0.902	1.124
汽车式起重机 8t	台班	593.97	–	–	–	0.010	0.018

工作内容:管子切口,坡口加工,坡口磨平,管口组对、焊接。 单位:10个

定 额 编 号			3-4-249	3-4-250	3-4-251	3-4-252	3-4-253
项 目			公称直径(mm)				
			300	350	400	450	500
基 价 (元)			**2522.52**	**3193.99**	**3976.65**	**4900.84**	**5438.65**
其中	人 工 费 (元)		307.60	287.20	327.20	384.00	427.20
	材 料 费 (元)		549.92	743.98	960.48	1217.59	1343.42
	机 械 费 (元)		1665.00	2162.81	2688.97	3299.25	3668.03
名 称	单位	单价(元)	消	耗	量		
人工 综合工日	工日	40.00	7.69	7.18	8.18	9.60	10.68
材料	管件	个	–	(10.000)	(10.000)	(10.000)	(10.000)	(10.000)
	电焊条	kg	4.40	51.296	78.108	108.074	146.346	161.954
	碳钢焊丝	kg	8.20	1.852	2.148	2.426	2.734	3.042
	氧气	m³	3.60	17.096	20.839	25.196	29.269	31.747
	乙炔气	kg	12.80	5.698	6.948	8.399	9.756	10.582
	氩气	m³	15.00	5.186	6.014	6.792	7.656	8.518
	铈钨棒	g	0.69	10.372	12.028	13.584	15.312	17.036
	尼龙砂轮片 φ100	片	10.34	6.133	8.201	10.625	13.309	14.762
	其他材料费	%	–	5.000	5.000	5.000	5.000	5.000
机械	交流电焊机 30kV·A	台班	140.46	3.664	5.072	6.590	8.315	9.202
	直流电焊机 20kW	台班	133.54	3.664	5.072	6.590	8.315	9.202
	氩弧焊机 500A	台班	162.47	2.724	3.158	3.568	4.020	4.474
	半自动切割机 100mm	台班	149.52	1.358	1.584	1.832	2.158	2.315
	汽车式起重机 8t	台班	593.97	0.026	0.039	0.050	0.076	0.124

3. 法兰管件(法兰连接)

工作内容:管口组对、管件连接。

单位:10个

定　额　编　号				3-4-254	3-4-255	3-4-256	3-4-257	3-4-258
项　目				公称直径(mm)				
				100	125	150	200	250
基　　价　(元)				**22.06**	**28.43**	**32.94**	**41.80**	**56.39**
其中	人　工　费　(元)			17.60	22.40	25.60	27.20	36.00
	材　料　费　(元)			4.46	6.03	7.34	8.66	9.70
	机　械　费　(元)			–	–	–	5.94	10.69
名　　称		单位	单价(元)	消　　耗		量		
人工	综合工日	工日	40.00	0.44	0.56	0.64	0.68	0.90
材料	管件	个	–	(10.000)	(10.000)	(10.000)	(10.000)	(10.000)
	石棉橡胶板　低中压δ0.8~6	kg	12.49	0.340	0.460	0.560	0.660	0.740
	其他材料费	%	–	5.000	5.000	5.000	5.000	5.000
机械	汽车式起重机 8t	台班	593.97	–	–	–	0.010	0.018

工作内容:管口组对、管件连接。

单位:10 个

定 额 编 号			3-4-259	3-4-260	3-4-261	3-4-262	3-4-263
项 目			公称直径(mm)				
			300	350	400	450	500
基 价 (元)			**69.13**	**87.72**	**127.60**	**152.59**	**204.53**
其中	人 工 费 (元)		43.20	50.40	49.60	56.00	71.20
	材 料 费 (元)		10.49	14.16	48.30	51.45	59.68
	机 械 费 (元)		15.44	23.16	29.70	45.14	73.65
名 称	单位	单价(元)	消	耗	量		
人工 综合工日	工日	40.00	1.08	1.26	1.24	1.40	1.78
材料 管件	个	–	(10.000)	(10.000)	(10.000)	(10.000)	(10.000)
石棉橡胶板 低中压 δ 0.8~6	kg	12.49	0.800	1.080	1.380	1.620	1.660
碳精棒	kg	30.60	–	–	0.940	0.940	1.180
其他材料费	%	–	5.000	5.000	5.000	5.000	5.000
机械 汽车式起重机 8t	台班	593.97	0.026	0.039	0.050	0.076	0.124

六、高压管件

1. 碳钢管件(电弧焊)

工作内容: 管子切口、坡口加工、管口组对、焊接。

单位:10个

定 额 编 号			3-4-264	3-4-265	3-4-266	3-4-267	3-4-268	3-4-269
项 目			公称直径(mm)					
			100	125	150	200	250	300
基 价 (元)			**862.23**	**1269.75**	**1846.22**	**2837.25**	**4162.35**	**6057.52**
其中	人 工 费 (元)		206.00	250.40	288.00	439.60	616.00	833.20
	材 料 费 (元)		173.71	284.83	440.94	682.57	996.65	1480.29
	机 械 费 (元)		482.52	734.52	1117.28	1715.08	2549.70	3744.03
名 称	单位	单价(元)	消	耗		量		
人工 综合工日	工日	40.00	5.15	6.26	7.20	10.99	15.40	20.83
材料 管件	个	–	(10.000)	(10.000)	(10.000)	(10.000)	(10.000)	(10.000)
电焊条	kg	4.40	27.811	48.551	76.533	119.214	175.111	269.048
氧气	m³	3.60	3.024	3.653	5.339	7.508	10.252	11.699
乙炔气	kg	12.80	1.008	1.218	1.780	2.503	3.417	3.891
尼龙砂轮片 φ100	片	10.34	1.865	2.795	3.984	6.427	9.483	12.966
其他材料费	%	–	5.000	5.000	5.000	5.000	5.000	5.000
机械 交流电焊机 30kV·A	台班	140.46	1.696	2.555	3.770	5.787	8.419	12.456
直流电焊机 20kW	台班	133.54	1.696	2.555	3.770	5.787	8.419	12.456
半自动切割机 100mm	台班	149.52	–	–	0.246	0.389	0.830	1.102
汽车式起重机 8t	台班	593.97	0.030	0.058	0.080	0.120	0.200	0.280

工作内容:管子切口、坡口加工、管口组对、焊接。

单位:10 个

定　额　编　号				3-4-270	3-4-271	3-4-272	3-4-273
项　　目				公称直径(mm)			
				350	400	450	500
基　　价　(元)				**4543.17**	**10734.91**	**13291.48**	**16545.85**
其中	人　工　费　(元)			1094.40	1362.00	1581.20	1898.80
	材　料　费　(元)			2071.85	2815.91	3438.20	4284.48
	机　械　费　(元)			1376.92	6557.00	8272.08	10362.57
名　　称		单位	单价(元)	消　　　耗　　　量			
人工	综合工日	工日	40.00	27.36	34.05	39.53	47.47
材料	管件	个	—	(10.000)	(10.000)	(10.000)	(10.000)
	电焊条	kg	4.40	379.674	507.933	642.628	803.579
	氧气	m³	3.60	15.342	23.647	23.647	27.025
	乙炔气	kg	12.80	5.114	7.882	7.882	9.008
	尼龙砂轮片 $\phi100$	片	10.34	17.595	25.232	25.232	32.120
	其他材料费	%	—	5.000	5.000	5.000	5.000
机械	交流电焊机 30kV·A	台班	140.46	3.500	22.085	27.940	34.938
	直流电焊机 20kW	台班	133.54	3.500	22.085	27.940	34.938
	半自动切割机 100mm	台班	149.52	1.357	1.531	1.859	2.484
	汽车式起重机 8t	台班	593.97	0.362	0.466	0.570	0.704

2. 碳钢管件(氩电联焊)

工作内容:管子切口、坡口加工、坡口磨平、管口组对、焊接。

单位:10 个

定 额 编 号			3-4-274	3-4-275	3-4-276	3-4-277	3-4-278	3-4-279
项 目			公称直径(mm)					
			100	125	150	200	250	300
基 价 (元)			**958.37**	**1371.03**	**1949.13**	**2996.40**	**4161.59**	**6353.41**
其中	人 工 费 (元)		190.80	232.00	266.80	407.20	570.40	771.60
	材 料 费 (元)		184.27	303.81	458.05	708.77	972.21	1534.77
	机 械 费 (元)		583.30	835.22	1224.28	1880.43	2618.98	4047.04
名 称	单位	单价(元)	消		耗		量	
人工 综合工日	工日	40.00	4.77	5.80	6.67	10.18	14.26	19.29
材料 管件	个	–	(10.000)	(10.000)	(10.000)	(10.000)	(10.000)	(10.000)
电焊条	kg	4.40	23.472	44.861	71.297	111.272	153.454	258.171
碳钢焊丝	kg	8.20	0.550	0.645	0.743	1.134	1.484	1.847
氩气	m³	15.00	1.540	1.804	2.080	3.175	4.154	5.170
铈钨棒	g	0.69	3.080	3.608	4.160	6.349	8.308	10.341
尼龙砂轮片 φ100	片	10.34	1.808	2.744	3.904	6.291	8.691	12.958
氧气	m³	3.60	3.024	3.653	5.339	7.508	10.252	11.699
乙炔气	kg	12.80	1.008	1.218	1.780	2.503	3.417	3.891
其他材料费	%	–	5.000	5.000	5.000	5.000	5.000	5.000
机械 交流电焊机 30kV·A	台班	140.46	1.524	2.361	3.513	5.402	7.378	11.952
直流电焊机 20kW	台班	133.54	1.524	2.361	3.513	5.402	7.378	11.952
氩弧焊机 500A	台班	162.47	0.808	0.947	1.092	1.667	2.182	2.715
半自动切割机 100mm	台班	149.52	–	–	0.246	0.389	0.830	1.102
汽车式起重机 8t	台班	593.97	0.058	0.058	0.080	0.120	0.200	0.280

工作内容:管子切口、坡口加工、坡口磨平、管口组对、焊接。

单位:10 个

定 额 编 号			3-4-280	3-4-281	3-4-282	3-4-283
项 目			公称直径(mm)			
			350	400	450	500
基 价 (元)			**8363.39**	**10625.87**	**13177.45**	**16271.13**
其中	人 工 费 (元)		1013.20	1261.20	1464.00	1758.00
	材 料 费 (元)		2074.35	2682.86	3419.91	4215.52
	机 械 费 (元)		5275.84	6681.81	8293.54	10297.61
名 称	单位	单价(元)	消 耗 量			
人工 综合工日	工日	40.00	25.33	31.53	36.60	43.95
材料 管件	个	—	(10.000)	(10.000)	(10.000)	(10.000)
电焊条	kg	4.40	354.590	469.502	609.684	755.731
碳钢焊丝	kg	8.20	2.178	2.440	2.488	3.082
氩气	m³	15.00	6.098	6.831	6.839	8.629
铈钨棒	g	0.69	12.197	13.662	13.667	17.257
尼龙砂轮片 φ100	片	10.34	17.075	21.144	24.760	31.248
氧气	m³	3.60	15.342	17.641	23.646	25.404
乙炔气	kg	12.80	5.144	5.880	7.882	8.468
其他材料费	%	—	5.000	5.000	5.000	5.000
机械 交流电焊机 30kV·A	台班	140.46	15.831	20.413	26.508	32.858
直流电焊机 20kW	台班	133.54	15.831	20.413	26.508	32.858
氩弧焊机 500A	台班	162.47	3.202	3.588	3.589	4.532
半自动切割机 100mm	台班	149.52	1.357	1.531	1.859	2.335
汽车式起重机 8t	台班	593.97	0.362	0.466	0.285	0.352

七、低压法兰

1.碳钢平焊法兰(电弧焊)

工作内容:管子切口、磨平、管口组对、焊接、法兰连接。

单位:副

定 额 编 号			3-4-284	3-4-285	3-4-286	3-4-287	3-4-288	3-4-289
项 目			公称直径(mm)					
			100	125	150	200	250	300
基 价 (元)			37.59	41.16	46.07	90.12	123.51	151.54
其中	人 工 费 (元)		10.80	11.60	12.00	13.60	17.60	22.40
	材 料 费 (元)		7.06	8.74	10.51	18.91	26.10	29.57
	机 械 费 (元)		19.73	20.82	23.56	57.61	79.81	99.57
名 称	单位	单价(元)	消 耗 量					
人工 综合工日	工日	40.00	0.27	0.29	0.30	0.34	0.44	0.56
材料 法兰	个	–	(2.000)	(2.000)	(2.000)	(2.000)	(2.000)	(2.000)
电焊条	kg	4.40	0.363	0.423	0.474	1.192	2.423	2.999
氧气	m³	3.60	0.105	0.122	0.159	0.418	0.524	0.562
乙炔气	kg	12.80	0.035	0.041	0.053	0.139	0.175	0.188
尼龙砂轮片 φ100	片	10.34	0.211	0.254	0.307	0.518	0.527	0.536
石棉橡胶板 低中压 δ 0.8~6	kg	12.49	0.170	0.230	0.280	0.330	0.370	0.400
其他材料费	%	–	5.000	5.000	5.000	5.000	5.000	5.000
机械 交流电焊机 30kV·A	台班	140.46	0.072	0.076	0.086	0.202	0.283	0.351
直流电焊机 20kW	台班	133.54	0.072	0.076	0.086	0.202	0.283	0.351
汽车式起重机 8t	台班	593.97	–	–	–	0.002	0.002	0.003
载重汽车 8t	台班	538.27	–	–	–	0.002	0.002	0.003

工作内容:管子切口、磨平、管口组对、焊接、法兰连接。　　　　　　　　　　　　　　　　单位:副

定　额　编　号			3-4-290	3-4-291	3-4-292	3-4-293	3-4-294
项　　目			公称直径(mm)				
			350	400	450	500	600
基　　　价　　(元)			**175.05**	**199.22**	**236.21**	**259.08**	**268.85**
其中	人　工　费　(元)		26.40	30.00	35.20	43.20	46.00
	材　料　费　(元)		41.92	48.20	56.67	64.14	66.69
	机　械　费　(元)		106.73	121.02	144.34	151.74	156.16
名　　　称	单位	单价(元)	消	耗		量	
人工 综合工日	工日	40.00	0.66	0.75	0.88	1.08	1.15
材料 法兰	个	－	(2.000)	(2.000)	(2.000)	(2.000)	(2.000)
电焊条	kg	4.40	4.468	5.049	5.990	6.956	7.289
氧气	m³	3.60	0.663	0.720	0.735	0.758	0.780
乙炔气	kg	12.80	0.221	0.240	0.245	0.253	0.260
尼龙砂轮片 φ100	片	10.34	0.803	0.910	1.133	1.368	1.433
石棉橡胶板　低中压δ0.8~6	kg	12.49	0.540	0.690	0.810	0.830	0.840
其他材料费	%	－	5.000	5.000	5.000	5.000	5.000
机械 交流电焊机 30kV·A	台班	140.46	0.373	0.421	0.502	0.529	0.541
直流电焊机 20kW	台班	133.54	0.373	0.421	0.502	0.529	0.541
汽车式起重机 8t	台班	593.97	0.004	0.005	0.006	0.006	0.007
载重汽车 8t	台班	538.27	0.004	0.005	0.006	0.006	0.007

2. 碳钢对焊法兰(电弧焊)

工作内容:管子切口、坡口加工、坡口磨平、管口组对、焊接、法兰连接。

单位:副

定 额 编 号			3-4-295	3-4-296	3-4-297	3-4-298	3-4-299
项 目			公称直径(mm)				
			100	125	150	200	250
基 价 (元)			**47.73**	**61.41**	**72.25**	**98.70**	**141.89**
其中	人 工 费 (元)		13.20	16.00	19.20	19.60	26.00
	材 料 费 (元)		9.05	10.34	13.32	20.39	33.34
	机 械 费 (元)		25.48	35.07	39.73	58.71	82.55
名 称	单位	单价(元)	消	耗		量	
人工 综合工日	工日	40.00	0.33	0.40	0.48	0.49	0.65
材料 法兰	个	–	(2.000)	(2.000)	(2.000)	(2.000)	(2.000)
电焊条	kg	4.40	0.401	0.493	0.623	1.072	2.109
氧气	m³	3.60	0.328	0.347	0.445	0.639	0.952
乙炔气	kg	12.80	0.109	0.116	0.148	0.213	0.317
尼龙砂轮片 φ100	片	10.34	0.239	0.241	0.336	0.596	1.069
石棉橡胶板 低中压δ0.8~6	kg	12.49	0.145	0.196	0.238	0.281	0.315
其他材料费	%	–	5.000	5.000	5.000	5.000	5.000
机械 交流电焊机30kV·A	台班	140.46	0.093	0.128	0.145	0.206	0.293
直流电焊机20kW	台班	133.54	0.093	0.128	0.145	0.206	0.293
汽车式起重机8t	台班	593.97	–	–	–	0.002	0.002
载重汽车8t	台班	538.27	–	–	–	0.002	0.002

工作内容:管子切口、坡口加工、坡口磨平、管口组对、焊接、法兰连接。

单位:副

定　额　编　号			3-4-300	3-4-301	3-4-302	3-4-303	3-4-304	3-4-305
项　　目			公称直径(mm)					
			300	350	400	450	500	600
基　　价　(元)			**167.00**	**220.56**	**254.83**	**291.60**	**352.64**	**422.72**
其中	人　工　费　(元)		30.00	42.00	50.00	58.00	72.80	87.20
	材　料　费　(元)		38.84	57.11	65.22	84.91	97.41	116.89
	机　械　费　(元)		98.16	121.45	139.61	148.69	182.43	218.63
名　　称	单位	单价(元)	消　　　　耗　　　　量					
人工	综合工日	工日	40.00	0.75	1.05	1.25	1.45	1.82	2.18
材料	法兰	个	–	(2.000)	(2.000)	(2.000)	(2.000)	(2.000)	(2.000)
	电焊条	kg	4.40	2.516	4.003	4.529	6.047	7.428	8.914
	氧气	m³	3.60	1.075	1.408	1.552	1.807	2.094	2.513
	乙炔气	kg	12.80	0.359	0.469	0.518	0.602	0.698	0.838
	尼龙砂轮片 φ100	片	10.34	1.277	1.932	2.189	3.041	3.365	4.038
	石棉橡胶板 低中压δ0.8~6	kg	12.49	0.340	0.459	0.587	0.689	0.706	0.847
	其他材料费	%	–	5.000	5.000	5.000	5.000	5.000	5.000
机械	交流电焊机 30kV·A	台班	140.46	0.350	0.435	0.493	0.522	0.641	0.769
	直流电焊机 20kW	台班	133.54	0.350	0.435	0.493	0.522	0.641	0.769
	汽车式起重机 8t	台班	593.97	0.002	0.002	0.004	0.005	0.006	0.007
	载重汽车 8t	台班	538.27	0.002	0.002	0.004	0.005	0.006	0.007

3. 碳钢对焊法兰(氩电联焊)

工作内容:管子切口、坡口加工、坡口磨平、管口组对、焊接、法兰连接。

单位:副

定　额　编　号			3-4-306	3-4-307	3-4-308	3-4-309	3-4-310
项　目			公称直径(mm)				
			100	125	150	200	250
基　　价　(元)			**60.58**	**72.68**	**94.20**	**148.07**	**177.40**
其中	人　工　费　(元)		14.40	17.20	17.60	23.20	19.20
	材　料　费　(元)		11.94	14.09	17.61	26.81	40.45
	机　械　费　(元)		34.24	4l.39	58.99	98.06	117.75
名　　　称	单位	单价(元)	消　　耗　　量				
人工	综合工日	工日	40.00	0.36	0.43	0.44	0.58	0.48
材料	法兰	个	–	(2.000)	(2.000)	(2.000)	(2.000)	(2.000)
	电焊条	kg	4.40	0.291	0.328	0.465	0.893	1.814
	碳钢焊丝	kg	8.20	0.059	0.078	0.094	0.130	0.160
	氧气	m³	3.60	0.242	0.246	0.420	0.639	0.889
	乙炔气	kg	12.80	0.080	0.082	0.140	0.213	0.296

单位:副

定 额 编 号			3-4-306	3-4-307	3-4-308	3-4-309	3-4-310
项 目			公称直径(mm)				
			100	125	150	200	250
材 料	氩气	m³	15.00	0.166	0.220	0.263	0.363	0.449
	铈钨棒	g	0.69	0.333	0.439	0.525	0.726	0.898
	尼龙砂轮片 φ100	片	10.34	0.229	0.231	0.326	0.586	1.059
	尼龙砂轮片 φ500	片	13.48	0.060	0.071	–	–	–
	石棉橡胶板 低中压δ0.8~6	kg	12.49	0.145	0.196	0.238	0.281	0.315
	其他材料费	%	–	5.000	5.000	5.000	5.000	5.000
机 械	交流电焊机 30kV·A	台班	140.46	0.071	0.080	0.110	0.168	0.238
	直流电焊机 20kW	台班	133.54	0.071	0.080	0.110	0.168	0.238
	氩弧焊机 500A	台班	162.47	0.087	0.115	0.138	0.191	0.236
	砂轮切割机 500mm	台班	46.24	0.014	0.017	–	–	–
	半自动切割机 100mm	台班	149.52	–	–	0.043	0.061	0.087
	汽车式起重机 8t	台班	593.97	–	–	–	0.020	0.002

工作内容:管子切口、坡口加工、坡口磨平、管口组对、焊接、法兰连接。

单位:副

定 额 编 号			3-4-311	3-4-312	3-4-313	3-4-314	3-4-315	3-4-316
项 目			公称直径(mm)					
			300	350	400	450	500	600
基 价 (元)			**205.02**	**272.89**	**312.96**	**352.62**	**412.64**	**495.00**
其中	人 工 费 (元)		18.40	32.40	39.60	45.20	61.60	74.00
	材 料 费 (元)		47.43	66.85	76.31	96.03	110.79	132.95
	机 械 费 (元)		139.19	173.64	197.05	211.39	240.25	288.05
名 称	单位	单价(元)	消 耗 量					
人工 综合工日	工日	40.00	0.46	0.81	0.99	1.13	1.54	1.85
材料 法兰	个	–	(2.000)	(2.000)	(2.000)	(2.000)	(2.000)	(2.000)
电焊条	kg	4.40	2.161	3.545	4.011	5.473	6.702	8.042
碳钢焊丝	kg	8.20	0.193	0.222	0.252	0.255	0.314	0.377
氧气	m³	3.60	1.004	1.329	1.466	1.736	1.973	2.368
乙炔气	kg	12.80	0.335	0.443	0.489	0.578	0.658	0.790
氩气	m³	15.00	0.539	0.622	0.706	0.714	0.880	1.056
铈钨棒	g	0.69	1.078	1.244	1.412	1.428	1.760	2.112
尼龙砂轮片 φ100	片	10.34	1.267	1.922	2.179	3.031	3.355	4.026
石棉橡胶板 低中压δ0.8~6	kg	12.49	0.340	0.459	0.587	0.689	0.706	0.847
其他材料费	%	–	5.000	5.000	5.000	5.000	5.000	5.000
机械 交流电焊机 30kV·A	台班	140.46	0.284	0.370	0.419	0.457	0.561	0.673
直流电焊机 20kW	台班	133.54	0.284	0.370	0.419	0.457	0.561	0.673
氩弧焊机 500A	台班	162.47	0.283	0.327	0.371	0.375	0.462	0.554
砂轮切割机 500mm	台班	46.24	–	–	–	–	0.171	0.205
半自动切割机 100mm	台班	149.52	0.095	0.120	0.131	0.149	–	–
汽车式起重机 8t	台班	593.97	0.002	0.002	0.004	0.005	0.006	0.007

八、中压法兰

1. 碳钢对焊法兰(电弧焊)

工作内容:管子切口、坡口加工、坡口磨平、管口组对、焊接、法兰连接。

单位:副

定 额 编 号				3-4-317	3-4-318	3-4-319	3-4-320	3-4-321
项 目				公称直径(mm)				
				100	125	150	200	250
基 价 (元)				**52.77**	**63.61**	**79.27**	**122.05**	**162.64**
其中	人 工 费 (元)			8.40	11.20	12.00	16.40	20.00
	材 料 费 (元)			13.13	15.69	20.96	34.61	51.05
	机 械 费 (元)			31.24	36.72	46.31	71.04	91.59
名 称		单位	单价(元)	消	耗		量	
人工	综合工日	工日	40.00	0.21	0.28	0.30	0.41	0.50
材料	法兰	个	–	(2.000)	(2.000)	(2.000)	(2.000)	(2.000)
	电焊条	kg	4.40	0.728	0.853	1.217	2.303	3.784
	氧气	m³	3.60	0.429	0.487	0.607	0.927	1.225
	乙炔气	kg	12.80	0.143	0.163	0.203	0.309	0.419
	尼龙砂轮片 φ100	片	10.34	0.368	0.433	0.612	1.104	1.700
	石棉橡胶板 低中压δ0.8~6	kg	12.49	0.170	0.230	0.280	0.330	0.370
	其他材料费	%	–	5.000	5.000	5.000	5.000	5.000
机械	交流电焊机 30kV·A	台班	140.46	0.114	0.134	0.169	0.251	0.326
	直流电焊机 20kW	台班	133.54	0.114	0.134	0.169	0.251	0.326
	汽车式起重机 8t	台班	593.97	–	–	–	0.002	0.002
	载重汽车 8t	台班	538.27	–	–	–	0.002	0.002

工作内容:管子切口、坡口加工、坡口磨平、管口组对、焊接、法兰连接。

单位:副

定 额 编 号			3-4-322	3-4-323	3-4-324	3-4-325	3-4-326	3-4-327
项 目			公称直径(mm)					
			300	350	400	450	500	600
基 价 (元)			**212.55**	**296.81**	**383.08**	**477.27**	**539.75**	**619.97**
其中	人 工 费 (元)		26.40	42.80	52.40	60.00	78.80	94.40
	材 料 费 (元)		71.27	98.31	128.60	164.19	180.43	216.52
	机 械 费 (元)		114.88	155.70	202.08	253.08	280.52	309.05
名 称	单位	单价(元)	消 耗 量					
人工 综合工日	工日	40.00	0.66	1.07	1.31	1.50	1.97	2.36
材料 法兰	个	—	(2.000)	(2.000)	(2.000)	(2.000)	(2.000)	(2.000)
电焊条	kg	4.40	5.748	8.619	11.816	15.890	17.584	21.101
氧气	m³	3.60	1.611	1.961	2.384	2.780	3.017	3.620
乙炔气	kg	12.80	0.537	0.654	0.795	0.927	1.006	1.207
尼龙砂轮片ϕ100	片	10.34	2.410	3.243	4.169	5.267	5.838	7.006
石棉橡胶板 低中压δ0.8~6	kg	12.49	0.400	0.540	0.690	0.810	0.830	0.996
其他材料费	%	—	5.000	5.000	5.000	5.000	5.000	5.000
机械 交流电焊机 30kV·A	台班	140.46	0.411	0.560	0.721	0.903	0.999	1.099
直流电焊机 20kW	台班	133.54	0.411	0.560	0.721	0.903	0.999	1.099
汽车式起重机 8t	台班	593.97	0.002	0.002	0.004	0.005	0.006	0.007
载重汽车 8t	台班	538.27	0.002	0.002	0.004	0.005	0.006	0.007

2. 碳钢对焊法兰(氩电联焊)

工作内容:管子切口、坡口加工、坡口磨平、管口组对、焊接、法兰连接。　　　　　　　　　　　　　　单位:副

定　额　编　号				3-4-328	3-4-329	3-4-330	3-4-331	3-4-332
项　　目				公称直径(mm)				
				100	125	150	200	250
基　　价　(元)				**76.16**	**91.56**	**117.80**	**175.15**	**233.14**
其中	人　工　费　(元)			19.20	26.40	24.00	32.00	41.60
	材　料　费　(元)			16.27	19.49	25.11	40.41	58.31
	机　械　费　(元)			40.69	45.67	68.69	102.74	133.23
名　　称		单位	单价(元)	消　　　耗　　　量				
人工	综合工日	工日	40.00	0.48	0.66	0.60	0.80	1.04
材料	法兰	个	－	(2.000)	(2.000)	(2.000)	(2.000)	(2.000)
	电焊条	kg	4.40	0.571	0.669	0.988	1.959	3.313
	碳钢焊丝	kg	8.20	0.063	0.075	0.090	0.125	0.155
	氧气	m³	3.60	0.331	0.374	0.644	0.991	1.342
	乙炔气	kg	12.80	0.110	0.125	0.215	0.330	0.448

定 额 编 号				3-4-328	3-4-329	3-4-330	3-4-331	3-4-332
项 目				公称直径(mm)				
				100	125	150	200	250
材料	氩气	m³	15.00	0.178	0.211	0.253	0.349	0.435
	铈钨棒	g	0.69	0.355	0.421	0.505	0.698	0.870
	尼龙砂轮片 φ100	片	10.34	0.348	0.413	0.592	1.084	1.680
	尼龙砂轮片 φ500	片	13.48	0.091	0.108	–	–	–
	石棉橡胶板 低中压δ0.8~6	kg	12.49	0.170	0.230	0.280	0.330	0.370
	其他材料费	%	–	5.000	5.000	5.000	5.000	5.000
机械	交流电焊机 30kV·A	台班	140.46	0.090	0.090	0.138	0.213	0.285
	直流电焊机 20kW	台班	133.54	0.090	0.105	0.138	0.213	0.285
	氩弧焊机 500A	台班	162.47	0.093	0.111	0.133	0.183	0.229
	砂轮切割机 500mm	台班	46.24	0.020	0.021	–	–	–
	半自动切割机 100mm	台班	149.52	–	–	0.062	0.090	0.112
	汽车式起重机 8t	台班	593.97	–	–	–	0.002	0.002

工作内容:管子切口、坡口加工、坡口磨平、管口组对、焊接、法兰连接。   单位:副

定 额 编 号			3-4-333	3-4-334	3-4-335	3-4-336	3-4-337	3-4-338
项 目			公称直径(mm)					
			300	350	400	450	500	600
基 价 (元)			**297.45**	**379.84**	**474.18**	**580.48**	**653.25**	**783.68**
其 中	人 工 费 (元)		53.60	57.20	68.40	79.20	100.00	120.00
	材 料 费 (元)		77.58	107.57	137.62	172.88	190.44	228.53
	机 械 费 (元)		166.27	215.07	268.16	328.40	362.81	435.15
名 称	单位	单价(元)	消		耗		量	
人工 综合工日	工日	40.00	1.34	1.43	1.71	1.98	2.50	3.00
材 料	法兰	个	–	(2.000)	(2.000)	(2.000)	(2.000)	(2.000)	(2.000)
	电焊条	kg	4.40	5.130	7.811	10.807	14.635	16.195	19.434
	碳钢焊丝	kg	8.20	0.185	0.215	0.243	0.273	0.304	0.365
	氧气	m³	3.60	1.710	2.084	2.439	2.927	3.175	3.810
	乙炔气	kg	12.80	0.570	0.695	0.813	0.976	1.059	1.271
	氩气	m³	15.00	0.519	0.601	0.679	0.766	0.852	1.022
	铈钨棒	g	0.69	1.037	1.203	1.358	1.531	1.704	2.045
	尼龙砂轮片 φ100	片	10.34	2.210	3.223	4.120	5.060	5.640	6.768
	石棉橡胶板 低中压 δ0.8~6	kg	12.49	0.400	0.540	0.690	0.810	0.830	0.996
	其他材料费	%	–	5.000	5.000	5.000	5.000	5.000	5.000
机 械	交流电焊机 30kV·A	台班	140.46	0.367	0.507	0.659	0.832	0.920	1.104
	直流电焊机 20kW	台班	133.54	0.367	0.507	0.659	0.832	0.920	1.104
	氩弧焊机 500A	台班	162.47	0.272	0.316	0.357	0.402	0.447	0.536
	半自动切割机 100mm	台班	149.52	0.136	0.158	0.182	0.215	0.231	0.277
	汽车式起重机 8t	台班	593.97	0.002	0.002	0.004	0.005	0.006	0.007

九、高压法兰

1. 碳钢对焊法兰(电弧焊)

工作内容:管子切口、坡口加工、坡口磨平、管口组对、焊接、法兰连接。 单位:副

定　额　编　号				3-4-339	3-4-340	3-4-341	3-4-342	3-4-343
项　　　目				公称直径(mm)				
				100	125	150	200	250
基　　　价　(元)				**135.13**	**201.78**	**285.49**	**395.35**	**560.05**
其中	人　工　费　(元)			57.20	82.80	111.60	119.60	152.80
	材　料　费　(元)			19.57	31.03	47.40	74.47	110.29
	机　械　费　(元)			58.36	87.95	126.49	201.28	296.96
名　　　称	单位	单价(元)		消	耗		量	
人工	综合工日	工日	40.00	1.43	2.07	2.79	2.99	3.82
材料	碳钢透镜垫	个	–	(1.000)	(1.000)	(1.000)	(1.000)	(1.000)
	法兰	个	–	(2.000)	(2.000)	(2.000)	(2.000)	(2.000)
	电焊条	kg	4.40	2.783	4.999	7.819	12.137	17.996
	氧气	m³	3.60	0.302	0.365	0.534	0.751	1.025
	乙炔气	kg	12.80	0.101	0.122	0.178	0.250	0.342
	尼龙砂轮片 φ100	片	10.34	0.388	0.453	0.632	1.124	1.720
	其他材料费	%	–	5.000	5.000	5.000	5.000	5.000
机械	交流电焊机 30kV·A	台班	140.46	0.213	0.321	0.448	0.672	0.960
	直流电焊机 20kW	台班	133.54	0.213	0.321	0.448	0.672	0.960
	半自动切割机 100mm	台班	149.52	–	–	0.025	0.039	0.083
	汽车式起重机 8t	台班	593.97	–	–	–	0.010	0.019
	载重汽车 8t	台班	538.27	–	–	–	0.010	0.019

工作内容:管子切口、坡口加工、坡口磨平、管口组对、焊接、法兰连接。

单位:副

定 额 编 号			3-4-344	3-4-345	3-4-346	3-4-347	3-4-348	3-4-349
项 目			公称直径(mm)					
			300	350	400	450	500	600
基 价 (元)			**796.03**	**1000.49**	**1229.28**	**1649.21**	**2011.21**	**2409.70**
其中	人 工 费 (元)		192.40	254.40	310.80	369.60	445.20	534.40
	材 料 费 (元)		167.83	226.98	288.52	387.18	464.14	556.97
	机 械 费 (元)		435.80	519.11	629.96	892.43	1101.87	1318.33
名 称	单位	单价(元)	消	耗		量		
人工 综合工日	工日	40.00	4.81	6.36	7.77	9.24	11.13	13.36
材料 碳钢透镜垫	个	—	(1.000)	(1.000)	(1.000)	(1.000)	(1.000)	(1.000)
法兰	个	—	(2.000)	(2.000)	(2.000)	(2.000)	(2.000)	(2.000)
电焊条	kg	4.40	28.364	38.720	46.946	67.154	82.348	98.818
氧气	m³	3.60	1.260	1.534	1.723	2.365	2.432	2.918
乙炔气	kg	12.80	0.420	0.511	0.574	0.788	0.811	0.973
尼龙砂轮片 φ100	片	10.34	2.430	3.263	5.287	5.287	5.858	7.030
其他材料费	%	—	5.000	5.000	5.000	5.000	5.000	5.000
机械 交流电焊机 30kV·A	台班	140.46	1.409	1.684	2.041	2.920	3.581	4.297
直流电焊机 20kW	台班	133.54	1.409	1.684	2.041	2.920	3.581	4.297
半自动切割机 100mm	台班	149.52	0.113	0.136	0.155	0.186	0.224	0.246
汽车式起重机 8t	台班	593.97	0.029	0.033	0.042	0.057	0.077	0.092
载重汽车 8t	台班	538.27	0.029	0.033	0.042	0.057	0.077	0.092

2. 碳钢对焊法兰(氩电联焊)

工作内容:管子切口、坡口加工、坡口磨平、管口组对、焊接、法兰连接。 单位:副

定 额 编 号			3-4-350	3-4-351	3-4-352	3-4-353	3-4-354
项 目			公称直径(mm)				
			100	125	150	200	250
基 价 (元)			**147.24**	**213.45**	**298.39**	**413.59**	**581.70**
其中	人 工 费 (元)		57.60	82.80	112.00	119.20	152.80
	材 料 费 (元)		21.55	32.63	49.15	76.59	112.80
	机 械 费 (元)		68.09	98.02	137.24	217.80	316.10
名 称	单位	单价(元)	消	耗		量	
人工 综合工日	工日	40.00	1.44	2.07	2.80	2.98	3.82
材料	碳钢透镜垫	个	–	(1.000)	(1.000)	(1.000)	(1.000)	(1.000)
	法兰	个	–	(2.000)	(2.000)	(2.000)	(2.000)	(2.000)
	电焊条	kg	4.40	2.691	4.630	7.296	11.343	16.888
	碳钢焊丝	kg	8.20	0.048	0.064	0.074	0.113	0.136
	氧气	m³	3.60	0.272	0.329	0.534	0.676	1.025
	乙炔气	kg	12.80	0.091	0.110	0.178	0.225	0.342
	氩气	m³	15.00	0.133	0.180	0.208	0.318	0.378
	铈钨棒	g	0.69	0.266	0.360	0.416	0.635	0.757
	尼龙砂轮片 φ100	片	10.34	0.384	0.449	0.628	1.120	1.716
	其他材料费	%	–	5.000	5.000	5.000	5.000	5.000
机械	交流电焊机 30kV·A	台班	140.46	0.207	0.302	0.422	0.634	0.908
	直流电焊机 20kW	台班	133.54	0.207	0.302	0.422	0.634	0.908
	氩弧焊机 500A	台班	162.47	0.070	0.094	0.110	0.166	0.199
	半自动切割机 100mm	台班	149.52	–	–	0.025	0.035	0.083
	汽车式起重机 8t	台班	593.97	–	–	–	0.020	0.038

工作内容:管子切口、坡口加工、坡口磨平、管口组对、焊接、法兰连接。 单位:副

定 额 编 号			3-4-355	3-4-356	3-4-357	3-4-358	3-4-359	3-4-360
项 目			公称直径(mm)					
			300	350	400	450	500	600
基 价 (元)			**813.45**	**1060.07**	**1291.94**	**1721.74**	**1975.73**	**2371.21**
其中	人 工 费 (元)		192.40	239.20	293.20	350.00	423.60	508.40
	材 料 费 (元)		168.02	228.98	279.19	386.77	429.80	515.76
	机 械 费 (元)		453.03	591.89	719.55	984.97	1122.33	1347.05
名 称	单位	单价(元)	消	耗		量		
人工 综合工日	工日	40.00	4.81	5.98	7.33	8.75	10.59	12.71
材料 碳钢透镜垫	个	–	(1.000)	(1.000)	(1.000)	(1.000)	(1.000)	(1.000)
法兰	个	–	(2.000)	(2.000)	(2.000)	(2.000)	(2.000)	(2.000)
电焊条	kg	4.40	26.727	36.884	44.691	63.953	71.374	85.649
碳钢焊丝	kg	8.20	0.157	0.186	0.230	0.254	0.289	0.347
氧气	m³	3.60	1.120	1.534	1.723	2.365	2.432	2.918
乙炔气	kg	12.80	0.373	0.511	0.574	0.788	0.811	0.973
氩气	m³	15.00	0.442	0.519	0.644	0.711	0.809	0.971
铈钨棒	g	0.69	0.883	1.039	1.288	1.423	1.619	1.943
料 尼龙砂轮片 φ100	片	10.34	2.426	3.259	4.185	5.283	5.854	7.025
其他材料费	%	–	5.000	5.000	5.000	5.000	5.000	5.000
机 交流电焊机 30kV·A	台班	140.46	1.335	1.781	2.159	3.025	3.388	4.066
直流电焊机 20kW	台班	133.54	1.335	1.781	2.159	3.025	3.388	4.066
氩弧焊机 500A	台班	162.47	0.232	0.273	0.338	0.373	0.425	0.510
械 半自动切割机 100mm	台班	149.52	0.101	0.136	0.155	0.186	0.224	0.269
汽车式起重机 8t	台班	593.97	0.058	0.066	0.084	0.114	0.154	0.185

十、低压阀门

1.法兰阀门

工作内容:阀门壳体压力试验、阀门解体检查及研磨、阀门安装、垂直运输。 单位:个

定 额 编 号			3-4-361	3-4-362	3-4-363	3-4-364	3-4-365
项 目			公称直径(mm)				
			100	125	150	200	250
基 价 (元)			**55.34**	**71.86**	**81.46**	**168.42**	**217.27**
其中	人 工 费 (元)		44.80	57.60	63.60	100.00	142.40
	材 料 费 (元)		3.02	3.81	4.48	5.14	5.67
	机 械 费 (元)		7.52	10.45	13.38	63.28	69.20
名 称	单位	单价(元)	消	耗	量		
人工 综合工日	工日	40.00	1.12	1.44	1.59	2.50	3.56
材料 阀门	个	–	(1.000)	(1.000)	(1.000)	(1.000)	(1.000)
电焊条	kg	4.40	0.165	0.165	0.165	0.165	0.165
石棉橡胶板 低中压δ0.8~6	kg	12.49	0.170	0.230	0.280	0.330	0.370
其他材料费	%	–	6.000	6.000	6.000	6.000	6.000
机械 直流电焊机 20kW	台班	133.54	0.030	0.030	0.030	0.030	0.030
试压泵 60MPa	台班	83.72	0.042	0.077	0.112	0.112	0.112
汽车式起重机 8t	台班	593.97	–	–	–	0.084	0.084
载重汽车 8t	台班	538.27	–	–	–	–	0.011

工作内容:阀门壳体压力试验、阀门解体检查及研磨、阀门安装、垂直运输。　　　　　　　　　　　　单位:个

定　额　编　号			3-4-366	3-4-367	3-4-368	3-4-369	3-4-370
项　　　目			公称直径(mm)				
			300	350	400	450	500
基　　价　　(元)			**249.27**	**323.26**	**374.04**	**437.92**	**472.70**
其中	人　工　费　(元)		174.00	210.00	254.40	293.60	326.40
	材　料　费　(元)		6.07	7.92	9.90	11.49	11.76
	机　械　费　(元)		69.20	105.34	109.74	132.83	134.54
名　　　　称	单位	单价(元)	消　　耗　　量				
人工 综合工日	工日	40.00	4.35	5.25	6.36	7.34	8.16
材料 阀门	个	—	(1.000)	(1.000)	(1.000)	(1.000)	(1.000)
电焊条	kg	4.40	0.165	0.165	0.165	0.165	0.165
石棉橡胶板　低中压δ0.8~6	kg	12.49	0.400	0.540	0.690	0.810	0.830
其他材料费	%	—	6.000	6.000	6.000	6.000	6.000
机械 直流电焊机 20kW	台班	133.54	0.030	0.030	0.030	0.030	0.030
试压泵 60MPa	台班	83.72	0.112	0.126	0.140	0.154	0.168
汽车式起重机 8t	台班	593.97	0.084	0.132	0.132	0.168	0.168
载重汽车 8t	台班	538.27	0.011	0.023	0.029	0.030	0.031

2.齿轮、液压传动、电动阀门

工作内容：阀门壳体压力试验、阀门解体检查及研磨、阀门调试、阀门安装、垂直运输。 单位：个

定 额 编 号			3-4-371	3-4-372	3-4-373	3-4-374	3-4-375
项 目			公称直径(mm)				
			100	125	150	200	250
基 价 （元）			**55.34**	**71.86**	**81.46**	**168.42**	**217.27**
其中	人 工 费 （元）		44.80	57.60	63.60	100.00	142.40
	材 料 费 （元）		3.02	3.81	4.48	5.14	5.67
	机 械 费 （元）		7.52	10.45	13.38	63.28	69.20
名 称	单位	单价(元)	消	耗	量		
人工 综合工日	工日	40.00	1.12	1.44	1.59	2.50	3.56
材料	阀门	个		(1.000)	(1.000)	(1.000)	(1.000)	(1.000)
	电焊条	kg	4.40	0.165	0.165	0.165	0.165	0.165
	石棉橡胶板 低中压δ0.8~6	kg	12.49	0.170	0.230	0.280	0.330	0.370
	其他材料费	%	–	6.000	6.000	6.000	6.000	6.000
机械	直流电焊机 20kW	台班	133.54	0.030	0.030	0.030	0.030	0.030
	试压泵 60MPa	台班	83.72	0.042	0.077	0.112	0.112	0.112
	汽车式起重机 8t	台班	593.97	–	–	–	0.084	0.084
	载重汽车 8t	台班	538.27	–	–	–	–	0.011

工作内容:阀门壳体压力试验、阀门解体检查及研磨、阀门调试、阀门安装、垂直运输。　　　　　单位:个

定　额　编　号			3-4-376	3-4-377	3-4-378	3-4-379	3-4-380
项　　　目			公称直径(mm)				
			300	350	400	450	500
基　　　价　（元）			**249.27**	**323.26**	**374.04**	**437.92**	**472.70**
其中	人　工　费　（元）		174.00	210.00	254.40	293.60	326.40
	材　料　费　（元）		6.07	7.92	9.90	11.49	11.76
	机　械　费　（元）		69.20	105.34	109.74	132.83	134.54
名　　　称	单位	单价(元)	消　　耗　　量				
人工	综合工日	工日	40.00	4.35	5.25	6.36	7.34	8.16
材料	阀门	个	－	(1.000)	(1.000)	(1.000)	(1.000)	(1.000)
	电焊条	kg	4.40	0.165	0.165	0.165	0.165	0.165
	石棉橡胶板　低中压δ0.8~6	kg	12.49	0.400	0.540	0.690	0.810	0.830
	其他材料费	%	－	6.000	6.000	6.000	6.000	6.000
机械	直流电焊机20kW	台班	133.54	0.030	0.030	0.030	0.030	0.030
	试压泵60MPa	台班	83.72	0.112	0.126	0.140	0.154	0.168
	汽车式起重机8t	台班	593.97	0.084	0.132	0.132	0.168	0.168
	载重汽车8t	台班	538.27	0.011	0.023	0.029	0.030	0.031

3.调节阀门

工作内容:阀门安装、垂直运输。

单位:个

定 额 编 号			3-4-381	3-4-382	3-4-383	3-4-384	3-4-385
项 目			公称直径(mm)				
			100	125	150	200	250
基 价 (元)			**34.52**	**42.47**	**44.30**	**58.92**	**133.18**
其中	人 工 费 (元)		32.40	39.60	40.80	54.80	81.60
	材 料 费 (元)		2.12	2.87	3.50	4.12	4.62
	机 械 费 (元)		–	–	–	–	46.96
名 称	单位	单价(元)	消	耗	量		
人工 综合工日	工日	40.00	0.81	0.99	1.02	1.37	2.04
材料 阀门	个	–	(1.000)	(1.000)	(1.000)	(1.000)	(1.000)
石棉橡胶板 低中压δ0.8~6	kg	12.49	0.170	0.230	0.280	0.330	0.370
机械 汽车式起重机 8t	台班	593.97	–	–	–	–	0.070
载重汽车 8t	台班	538.27	–	–	–	–	0.010

工作内容: 阀门安装、垂直运输。

单位:个

定 额 编 号			3-4-386	3-4-387	3-4-388	3-4-389	3-4-390
项 目			公称直径(mm)				
			300	350	400	450	500
基 价 (元)			**139.16**	**177.26**	**195.97**	**230.22**	**242.21**
其中	人 工 费 (元)		87.20	92.80	106.40	120.80	132.00
	材 料 费 (元)		5.00	6.74	8.62	10.12	10.37
	机 械 费 (元)		46.96	77.72	80.95	99.30	99.84
名 称	单位	单价(元)	消 耗 量				
人工 综合工日	工日	40.00	2.18	2.32	2.66	3.02	3.30
材料 阀门	个	—	(1.000)	(1.000)	(1.000)	(1.000)	(1.000)
石棉橡胶板 低中压 δ 0.8~6	kg	12.49	0.400	0.540	0.690	0.810	0.830
机械 汽车式起重机 8t	台班	593.97	0.070	0.110	0.110	0.140	0.140
载重汽车 8t	台班	538.27	0.010	0.023	0.029	0.030	0.031

4. 安全阀门

工作内容:阀门壳体压力试验、阀门调试、阀门安装、垂直运输。

单位:个

定 额 编 号			3-4-391	3-4-392	3-4-393	3-4-394	3-4-395	3-4-396	3-4-397	3-4-398	3-4-399
项 目			公称直径(mm)								
			32	40	50	65	80	100	125	150	200
基 价 (元)			**28.43**	**29.78**	**31.46**	**45.42**	**48.05**	**64.45**	**83.92**	**88.68**	**116.14**
其中	人 工 费 (元)		21.20	21.20	22.40	35.60	37.20	52.40	64.80	66.80	93.60
	材 料 费 (元)		1.30	1.56	1.70	1.96	2.49	3.02	3.81	4.48	5.14
	机 械 费 (元)		5.93	7.02	7.36	7.86	8.36	9.03	15.31	17.40	17.40
名 称	单位	单价(元)	消		耗			量			
人工 综合工日	工日	40.00	0.53	0.53	0.56	0.89	0.93	1.31	1.62	1.67	2.34
材料 阀门	个	—	(1.000)	(1.000)	(1.000)	(1.000)	(1.000)	(1.000)	(1.000)	(1.000)	(1.000)
电焊条	kg	4.40	0.165	0.165	0.165	0.165	0.165	0.165	0.165	0.165	0.165
石棉橡胶板 低中压 δ0.8~6	kg	12.49	0.040	0.060	0.070	0.090	0.130	0.170	0.230	0.280	0.330
其他材料费	%	—	6.000	6.000	6.000	6.000	6.000	6.000	6.000	6.000	6.000
机械 直流电焊机 20kW	台班	133.54	0.030	0.030	0.030	0.030	0.030	0.030	0.030	0.030	0.030
试压泵 60MPa	台班	83.72	0.023	0.036	0.040	0.046	0.052	0.060	0.135	0.160	0.160

十一、中压阀门

1. 法兰阀门

工作内容:阀门壳体压力试验、阀门解体检查及研磨、阀门安装、垂直运输。 单位:个

定　额　编　号			3-4-400	3-4-401	3-4-402	3-4-403	3-4-404
项　　　目			公称直径(mm)				
			100	125	150	200	250
基　　　价　（元）			**48.81**	**55.82**	**74.90**	**148.74**	**195.06**
其中	人　工　费　（元）		37.60	48.00	55.20	86.80	127.20
	材　料　费　（元）		3.02	3.81	4.48	5.14	5.67
	机　械　费　（元）		8.19	4.01	15.22	56.80	62.19
名　　称	单位	单价(元)	消	耗		量	
人工 综合工日	工日	40.00	0.94	1.20	1.38	2.17	3.18
材料 阀门	个	－	(1.000)	(1.000)	(1.000)	(1.000)	(1.000)
电焊条	kg	4.40	0.165	0.165	0.165	0.165	0.165
石棉橡胶板 低中压δ0.8~6	kg	12.49	0.170	0.230	0.280	0.330	0.370
其他材料费	%	－	6.000	6.000	6.000	6.000	6.000
机械 直流电焊机 20kW	台班	133.54	0.030	0.030	0.030	0.030	0.030
试压泵 60MPa	台班	83.72	0.050	－	0.134	0.134	0.134
汽车式起重机 8t	台班	593.97	－	－	－	0.070	0.070
载重汽车 8t	台班	538.27	－	－	－	－	0.010

工作内容:阀门壳体压力试验、阀门解体检查及研磨、阀门安装、垂直运输。 单位:个

定 额 编 号			3-4-405	3-4-406	3-4-407	3-4-408	3-4-409
项 目			公称直径(mm)				
			300	350	400	450	500
基 价 (元)			**221.06**	**272.28**	**315.72**	**371.09**	**403.80**
其中	人 工 费 (元)		152.80	170.00	206.80	240.80	271.20
	材 料 费 (元)		6.07	7.92	9.90	11.49	11.84
	机 械 费 (元)		62.19	94.36	99.02	118.80	120.76
名 称	单位	单价(元)	消	耗	量		
人工	综合工日	工日	40.00	3.82	4.25	5.17	6.02	6.78
材料	阀门	个	–	(1.000)	(1.000)	(1.000)	(1.000)	(1.000)
	电焊条	kg	4.40	0.165	0.165	0.165	0.165	0.182
	石棉橡胶板 低中压δ0.8~6	kg	12.49	0.400	0.540	0.690	0.810	0.830
	其他材料费	%	–	6.000	6.000	6.000	6.000	6.000
机械	直流电焊机 20kW	台班	133.54	0.030	0.030	0.030	0.030	0.030
	试压泵 60MPa	台班	83.72	0.134	0.151	0.168	0.185	0.202
	汽车式起重机 8t	台班	593.97	0.070	0.110	0.110	0.140	0.140
	载重汽车 8t	台班	538.27	0.010	0.023	0.029	0.030	0.031

2. 齿轮、液压传动、电动阀门

工作内容:阀门壳体压力试验、阀门解体检查及研磨、阀门调试、阀门安装、垂直运输。

单位:个

定 额 编 号			3-4-410	3-4-411	3-4-412	3-4-413	3-4-414
项 目			公称直径(mm)				
			100	125	150	200	250
基 价 (元)			**67.21**	**86.72**	**98.10**	**194.26**	**251.51**
其 中	人 工 费 (元)		56.00	71.20	78.40	124.00	174.80
	材 料 费 (元)		3.02	3.81	4.48	5.14	5.67
	机 械 费 (元)		8.19	11.71	15.22	65.12	71.04
名 称	单位	单价(元)	消	耗		量	
人工 综合工日	工日	40.00	1.40	1.78	1.96	3.10	4.37
材 料	阀门	个	–	(1.000)	(1.000)	(1.000)	(1.000)	(1.000)
	电焊条	kg	4.40	0.165	0.165	0.165	0.165	0.165
	石棉橡胶板 低中压 δ 0.8~6	kg	12.49	0.170	0.230	0.280	0.330	0.370
	其他材料费	%	–	6.000	6.000	6.000	6.000	6.000
机 械	直流电焊机 20kW	台班	133.54	0.030	0.030	0.030	0.030	0.030
	试压泵 60MPa	台班	83.72	0.050	0.092	0.134	0.134	0.134
	汽车式起重机 8t	台班	593.97	–	–	–	0.084	0.084
	载重汽车 8t	台班	538.27	–	–	–	–	0.011

工作内容: 阀门壳体压力试验、阀门解体检查及研磨、阀门调试、阀门安装、垂直运输。　　　　　　　　单位:个

定 额 编 号			3-4-415	3-4-416	3-4-417	3-4-418	3-4-419
项 目			公称直径(mm)				
			300	350	400	450	500
基 价 （元）			**288.31**	**372.95**	**435.19**	**508.92**	**552.35**
其 中	人 工 费 （元）		211.20	257.60	313.20	362.00	403.20
	材 料 费 （元）		6.07	7.92	9.90	11.49	11.76
	机 械 费 （元）		71.04	107.43	112.09	135.43	137.39
名 称	单位	单价(元)	消	耗	量		
人工 综合工日	工日	40.00	5.28	6.44	7.83	9.05	10.08
材 料	阀门	个	–	(1.000)	(1.000)	(1.000)	(1.000)	(1.000)
	电焊条	kg	4.40	0.165	0.165	0.165	0.165	0.165
	石棉橡胶板 低中压δ0.8~6	kg	12.49	0.400	0.540	0.690	0.810	0.830
	其他材料费	%	–	6.000	6.000	6.000	6.000	6.000
机 械	直流电焊机 20kW	台班	133.54	0.030	0.030	0.030	0.030	0.030
	试压泵 60MPa	台班	83.72	0.134	0.151	0.168	0.185	0.202
	汽车式起重机 8t	台班	593.97	0.084	0.132	0.132	0.168	0.168
	载重汽车 8t	台班	538.27	0.011	0.023	0.029	0.030	0.031

3. 调节阀门

工作内容: 阀门安装、垂直运输。

单位:个

定　额　编　号				3-4-420	3-4-421	3-4-422	3-4-423	3-4-424
项　　　目				公称直径(mm)				
				100	125	150	200	250
基　　　价　(元)				40.52	49.27	51.10	110.10	143.58
其中	人　工　费　(元)			38.40	46.40	47.60	64.40	92.00
	材　料　费　(元)			2.12	2.87	3.50	4.12	4.62
	机　械　费　(元)			–	–	–	41.58	46.96
名　　　称		单位	单价(元)	消　　　耗　　　量				
人工	综合工日	工日	40.00	0.96	1.16	1.19	1.61	2.30
材料	阀门	个	–	(1.000)	(1.000)	(1.000)	(1.000)	(1.000)
	石棉橡胶板　低中压δ0.8~6	kg	12.49	0.170	0.230	0.280	0.330	0.370
机械	汽车式起重机8t	台班	593.97	–	–	–	0.070	0.070
	载重汽车8t	台班	538.27	–	–	–	–	0.010

工作内容:阀门安装、垂直运输。

单位:个

定 额 编 号			3-4-425	3-4-426	3-4-427	3-4-428	3-4-429
项 目			公称直径(mm)				
			300	350	400	450	500
基 价 (元)			**152.76**	**192.46**	**214.37**	**251.82**	**265.81**
其 中	人 工 费 (元)		100.80	108.00	124.80	142.40	155.60
	材 料 费 (元)		5.00	6.74	8.62	10.12	10.37
	机 械 费 (元)		46.96	77.72	80.95	99.30	99.84
名 称	单位	单价(元)	消	耗		量	
人工 综合工日	工日	40.00	2.52	2.70	3.12	3.56	3.89
材 料 阀门	个	–	(1.000)	(1.000)	(1.000)	(1.000)	(1.000)
石棉橡胶板 低中压δ0.8~6	kg	12.49	0.400	0.540	0.690	0.810	0.830
机 械 汽车式起重机 8t	台班	593.97	0.070	0.110	0.110	0.140	0.140
载重汽车 8t	台班	538.27	0.010	0.023	0.029	0.030	0.031

4. 安全阀门

工作内容:阀门壳体压力试验、阀门调试、阀门安装、垂直运输。

单位:个

定　额　编　号			3-4-430	3-4-431	3-4-432	3-4-433	3-4-434	3-4-435	3-4-436	3-4-437	3-4-438
项　　目			公称直径(mm)								
			32	40	50	65	80	100	125	150	200
基　　价　（元）			**32.39**	**33.15**	**35.32**	**51.85**	**54.09**	**72.25**	**94.18**	**99.76**	**132.84**
其中	人　工　费　（元）		24.40	24.40	25.60	41.20	42.40	59.20	72.80	75.20	103.60
	材　料　费　（元）		1.30	1.56	1.70	1.96	2.49	3.02	3.81	4.48	5.14
	机　械　费　（元）		6.69	7.19	8.02	8.69	9.20	10.03	17.57	20.08	24.10
名　　称	单位	单价(元)	消　　　　　耗　　　　　量								
人工	综合工日	工日	40.00	0.61	0.61	0.64	1.03	1.06	1.48	1.82	1.88	2.59
材料	阀门	个	–	(1.000)	(1.000)	(1.000)	(1.000)	(1.000)	(1.000)	(1.000)	(1.000)	(1.000)
	电焊条	kg	4.40	0.165	0.165	0.165	0.165	0.165	0.165	0.165	0.165	0.165
	石棉橡胶板　低中压 δ 0.8~6	kg	12.49	0.040	0.060	0.070	0.090	0.130	0.170	0.230	0.280	0.330
	其他材料费	%	–	6.000	6.000	6.000	6.000	6.000	6.000	6.000	6.000	6.000
机械	直流电焊机 20kW	台班	133.54	0.030	0.030	0.030	0.030	0.030	0.030	0.030	0.030	0.030
	试压泵 60MPa	台班	83.72	0.032	0.038	0.048	0.056	0.062	0.072	0.162	0.192	0.240

十二、高压阀门

1.法兰阀门

工作内容:阀门壳体压力试验、阀门解体检查及研磨、阀门安装、垂直运输、螺栓涂二硫化钼。　　　　单位:个

定　额　编　号			3-4-439	3-4-440	3-4-441	3-4-442	3-4-443
项　　目			公称直径(mm)				
			100	125	150	200	250
基　　　价　　(元)			**117.76**	**199.58**	**218.93**	**343.85**	**388.74**
其中	人　工　费　(元)		101.20	182.40	201.20	266.40	299.60
	材　料　费　(元)		6.69	7.31	7.86	8.49	8.88
	机　械　费　(元)		9.87	9.87	9.87	68.96	80.26
名　　称	单位	单价(元)	消　　　耗　　　量				
人工 综合工日	工日	40.00	2.53	4.56	5.03	6.66	7.49
材料 阀门	个	-	(1.000)	(1.000)	(1.000)	(1.000)	(1.000)
衬垫	块	2.40	1.000	1.000	1.000	1.000	1.000
石棉橡胶板 低中压δ0.8~6	kg	12.49	0.165	0.165	0.165	0.165	0.165
电焊条	kg	4.40	0.420	0.554	0.672	0.806	0.890
其他材料费	%	-	6.000	6.000	6.000	6.000	6.000
机械 直流电焊机 20kW	台班	133.54	0.030	0.030	0.030	0.030	0.030
试压泵 60MPa	台班	83.72	0.070	0.070	0.070	0.112	0.112
汽车式起重机 8t	台班	593.97	-	-	-	0.070	0.070
载重汽车 8t	台班	538.27	-	-	-	0.026	0.047

工作内容:阀门壳体压力试验、阀门解体检查及研磨、阀门安装、垂直运输、螺栓涂二硫化钼。　　　　　　　　　　单位:个

定　额　编　号			3-4-444	3-4-445	3-4-446	3-4-447	3-4-448
项　　目			公称直径(mm)				
			300	350	400	450	500
基　　　价　(元)			**431.10**	**510.37**	**560.88**	**646.71**	**715.71**
其中	人　工　费　(元)		336.00	380.00	426.00	484.00	546.00
	材　料　费　(元)		9.27	9.63	9.99	10.38	10.83
	机　械　费　(元)		85.83	120.74	124.89	152.33	158.88
名　　称	单位	单价(元)	消	耗	量		
人工 综合工日	工日	40.00	8.40	9.50	10.65	12.10	13.65
材料 阀门	个	-	(1.000)	(1.000)	(1.000)	(1.000)	(1.000)
衬垫	块	2.40	1.000	1.000	1.000	1.000	1.000
石棉橡胶板 低中压δ0.8~6	kg	12.49	0.165	0.165	0.165	0.165	0.165
电焊条	kg	4.40	0.974	1.051	1.128	1.211	1.308
其他材料费	%	-	6.000	6.000	6.000	6.000	6.000
机械 直流电焊机 20kW	台班	133.54	0.030	0.030	0.030	0.030	0.030
试压泵 60MPa	台班	83.72	0.140	0.151	0.162	0.174	0.188
汽车式起重机 8t	台班	593.97	0.070	0.110	0.110	0.140	0.140
载重汽车 8t	台班	538.27	0.053	0.072	0.078	0.094	0.104

2. 焊接阀门（对焊，电弧焊）

工作内容:管子切口、坡口加工、管口组对、焊接。

单位:个

定 额 编 号				3-4-449	3-4-450	3-4-451	3-4-452	3-4-453	3-4-454	3-4-455	3-4-456
项 目				公称直径(mm)							
				100	125	150	200	250	300	400	500
基 价 （元）				**382.27**	**532.58**	**710.80**	**1143.28**	**1625.33**	**2281.26**	**3139.53**	**3907.90**
其中	人 工 费 （元）			320.00	436.40	563.20	860.80	1224.80	1721.20	2415.20	3019.20
	材 料 费 （元）			15.69	26.04	40.56	62.43	90.81	135.88	181.18	226.46
	机 械 费 （元）			46.58	70.14	107.04	220.05	309.72	424.18	543.15	662.24
名 称		单位	单价(元)	消		耗		量			
人工	综合工日	工日	40.00	8.00	10.91	14.08	21.52	30.62	43.03	60.38	75.48
材料	阀门	个	–	(1.000)	(1.000)	(1.000)	(1.000)	(1.000)	(1.000)	(1.000)	(1.000)
	电焊条	kg	4.40	2.781	4.855	7.653	11.921	17.484	26.861	35.815	44.768
	氧气	m³	3.60	0.302	0.365	0.534	0.751	1.025	1.170	1.560	1.950
	乙炔气	kg	12.80	0.101	0.122	0.178	0.250	0.342	0.389	0.519	0.648
	尼龙砂轮片 ϕ100	片	10.34	0.018	0.032	0.038	0.052	0.065	0.078	0.104	0.130
	其他材料费	%	–	6.000	6.000	6.000	6.000	6.000	6.000	6.000	6.000
机械	交流电焊机 30kV·A	台班	140.46	0.170	0.256	0.377	0.579	0.841	1.244	1.658	2.073
	直流电焊机 20kW	台班	133.54	0.170	0.256	0.377	0.579	0.841	1.244	1.658	2.073
	半自动切割机 100mm	台班	149.52	–	–	0.025	0.039	0.083	0.110	0.147	0.183
	汽车式起重机 8t	台班	593.97	–	–	–	0.070	0.070	0.070	0.070	0.070
	载重汽车 8t	台班	538.27	–	–	–	0.026	0.047	0.047	0.047	0.047

3. 焊接阀门（对焊，氩电联焊）

工作内容：管子切口、坡口加工、管口组对、焊接。

单位：个

定 额 编 号			3-4-457	3-4-458	3-4-459	3-4-460	3-4-461	3-4-462	3-4-463	3-4-464
项 目			公称直径（mm）							
			100	125	150	200	250	300	400	500
基 价 （元）			**407.51**	**563.31**	**742.68**	**1192.93**	**1688.01**	**2381.27**	**3286.27**	**4096.49**
其中	人 工 费 （元）		335.60	455.20	582.40	891.20	1262.80	1780.80	2499.20	3124.00
	材 料 费 （元）		16.83	28.01	42.38	65.23	94.12	141.75	189.01	236.23
	机 械 费 （元）		55.08	80.10	117.90	236.50	331.09	458.72	598.06	736.26
名 称	单位	单价（元）	消			耗			量	
人工	综合工日	工日	40.00	8.39	11.38	14.56	22.28	31.57	44.52	62.48	78.10
材料	阀门	个	–	(1.000)	(1.000)	(1.000)	(1.000)	(1.000)	(1.000)	(1.000)	(1.000)
	电焊条	kg	4.40	2.350	4.486	7.130	11.127	16.262	25.847	34.463	43.078
	碳钢焊丝	kg	8.20	0.055	0.065	0.074	0.113	0.157	0.185	0.247	0.308
	氧气	m³	3.60	0.302	0.365	0.534	0.751	1.025	1.170	1.560	1.950
	乙炔气	kg	12.80	0.101	0.122	0.178	0.250	0.342	0.389	0.519	0.648
	氩气	m³	15.00	0.154	0.180	0.208	0.318	0.440	0.518	0.691	0.863
	铈钨棒	g	0.69	0.308	0.361	0.416	0.635	0.881	1.035	1.380	1.725
	尼龙砂轮片 φ100	片	10.34	0.018	0.032	0.038	0.052	0.065	0.078	0.104	0.130
	其他材料费	%	–	6.000	6.000	6.000	6.000	6.000	6.000	6.000	6.000
机械	交流电焊机 30kV·A	台班	140.46	0.153	0.236	0.352	0.540	0.782	1.197	1.596	1.994
	直流电焊机 20kW	台班	133.54	0.153	0.236	0.352	0.540	0.782	1.197	1.596	1.994
	氩弧焊机 500A	台班	162.47	0.081	0.095	0.109	0.167	0.231	0.272	0.363	0.453
	半自动切割机 100mm	台班	149.52	–	–	0.025	0.039	0.083	0.110	0.147	0.183
	汽车式起重机 8t	台班	593.97	–	–	–	0.070	0.070	0.070	0.070	0.070
	载重汽车 8t	台班	538.27	–	–	0.026	0.047	0.053	0.071	0.088

十三、套管伸缩器制作

工作内容：放样、下料、切断、坡口、组对、焊接、试压、刷油入库。

单位：个

定 额 编 号				3-4-465	3-4-466	3-4-467	3-4-468	3-4-469	3-4-470	3-4-471
项 目				公称直径(mm)						
				150	200	250	300	350	400	450
基 价 （元）				**374.24**	**759.73**	**1055.37**	**1238.67**	**1520.43**	**1800.91**	**2017.31**
其 中	人 工 费 （元）			137.20	185.20	248.00	296.00	330.80	379.20	410.40
	材 料 费 （元）			79.12	343.01	512.25	591.21	727.38	887.00	1007.31
	机 械 费 （元）			157.92	231.52	295.12	351.46	462.25	534.71	599.60
名 称		单位	单价(元)	消		耗		量		
人 工	综合工日	工日	40.00	3.43	4.63	6.20	7.40	8.27	9.48	10.26
材 料	管材	m	－	－	(1.070)	－	－	－	－	－
	中厚钢板15mm以下	kg	4.50	3.810	54.900	85.440	95.480	107.730	132.190	147.200
	氧气	m³	3.60	5.220	7.270	9.490	11.300	5.040	6.520	7.420
	乙炔气	kg	12.80	1.740	2.423	3.163	3.767	1.680	2.173	2.473
	焦炭	kg	1.20	－	－	－	－	100.000	120.000	140.000
	防锈漆	kg	7.00	0.280	0.460	0.680	0.810	1.000	1.220	1.350

定　额　编　号			3-4-465	3-4-466	3-4-467	3-4-468	3-4-469	3-4-470	3-4-471
项　　目			公称直径(mm)						
			150	200	250	300	350	400	450
材料	电焊条	kg	4.40	3.100	5.760	7.800	11.580	12.880	14.880	19.040
	石棉绳	kg	18.00	0.180	0.250	0.320	0.360	0.410	0.470	0.500
	汽油	kg	6.50	0.070	0.110	0.170	0.200	0.250	0.300	0.340
	白晋粉	kg	4.79	0.100	0.160	0.240	0.290	0.380	0.440	0.490
	煤油	kg	5.95	0.060	0.140	0.160	0.170	0.210	0.260	0.300
	其他材料费	%	–	1.000	1.000	1.000	1.000	1.000	1.000	1.000
机械	交流电焊机 30kV·A	台班	140.46	1.000	1.120	1.400	1.650	1.950	2.240	2.480
	卷板机 40×3500	台班	1072.98	–	0.040	0.060	0.070	0.080	0.100	0.120
	剪板机 40×3100	台班	691.43	–	0.020	0.020	0.030	0.040	0.040	0.050
	普通车床 φ630×1400	台班	140.39	0.080	0.080	0.100	0.120	0.140	0.160	0.180
	立式钻床 φ25	台班	77.86	0.080	0.080	0.080	0.090	0.100	0.140	0.140
	鼓风机 18m³/min	台班	215.31	–	–	–	–	0.200	0.200	0.200
	其他机械费	元	1.00	–	–	–	–	4.350	8.700	8.700

工作内容:放样、下料、切断、坡口、组对、焊接、试压、刷油入库。

单位:个

定 额 编 号				3-4-472	3-4-473	3-4-474	3-4-475	3-4-476	3-4-477	3-4-478
项 目				公称直径(mm)						
				500	600	700	800	900	1000	1200
基 价 (元)				2229.54	2624.44	2985.96	3459.34	3911.10	4308.08	4958.36
其中	人 工 费 (元)			468.40	516.40	565.20	604.40	659.60	727.60	866.00
	材 料 费 (元)			1039.31	1309.12	1464.22	1799.24	2068.81	2310.99	2578.75
	机 械 费 (元)			721.83	798.92	956.54	1055.70	1182.69	1269.49	1513.61
名 称		单位	单价(元)	消			耗		量	
人工	综合工日	工日	40.00	11.71	12.91	14.13	15.11	16.49	18.19	21.65
材料	钢板(中厚)	t	3750.00	0.173	0.221	0.245	0.293	0.338	0.375	0.411
	氧气	m^3	3.60	8.690	10.700	12.480	15.200	17.210	19.750	22.540
	乙炔气	kg	12.80	2.897	3.567	4.160	5.067	5.737	6.583	7.513
	焦炭	kg	1.20	160.000	180.000	200.200	240.000	280.000	320.000	360.000
	防锈漆	kg	7.00	1.610	1.920	2.250	2.680	3.090	3.430	3.730
	电焊条	kg	4.40	20.820	30.310	34.770	52.020	58.370	64.550	76.610

定 额 编 号				3-4-472	3-4-473	3-4-474	3-4-475	3-4-476	3-4-477	3-4-478
项 目				公称直径(mm)						
				500	600	700	800	900	1000	1200
材	石棉绳	kg	18.00	0.540	0.650	0.750	0.840	0.930	1.040	1.230
	汽油	kg	6.50	0.400	0.460	0.560	0.670	0.770	0.850	0.940
	白晋粉	kg	4.79	0.560	0.700	0.810	0.970	1.120	1.240	1.360
	煤油	kg	5.95	0.340	0.400	0.470	0.560	0.650	0.720	0.790
料	其他材料费	%	—	1.000	1.000	1.000	1.000	1.000	1.000	1.000
机	交流电焊机 30kV·A	台班	140.46	2.740	3.000	3.600	4.000	4.500	4.900	6.400
	卷板机 40×3500	台班	1072.98	0.140	0.160	0.190	0.200	0.210	0.220	0.230
	剪板机 40×3100	台班	691.43	0.060	0.070	0.080	0.090	0.100	0.110	0.120
	普通车床 ϕ630×1400	台班	140.39	0.200	0.220	0.250	0.280	0.300	0.320	0.360
	立式钻床 ϕ25	台班	77.86	0.150	0.160	0.200	0.250	0.260	0.280	0.300
械	电动双梁桥式起重机 10t	台班	269.16	0.200	0.200	0.300	0.300	0.400	0.400	0.400
	鼓风机 18m³/min	台班	215.31	0.240	0.280	0.280	0.360	0.400	0.440	0.480

十四、套管安装

工作内容:场内搬运、组对、加固。

单位:10m

定 额 编 号				3-4-479	3-4-480	3-4-481	3-4-482	3-4-483	3-4-484
项 目				公称直径(mm)					
				500	800	1000	1200	1400	1800
基 价 (元)				**139.88**	**224.98**	**283.11**	**339.63**	**700.92**	**1023.97**
其中	人 工 费 (元)			100.80	182.00	228.40	273.20	536.80	785.60
	材 料 费 (元)			-	-	-	-	-	-
	机 械 费 (元)			39.08	42.98	54.71	66.43	164.12	238.37
名 称		单位	单价(元)	消 耗 量					
人工	综合工日	工日	40.00	2.52	4.55	5.71	6.83	13.42	19.64
材料	管材	m	-	(10.300)	(10.300)	(10.300)	(10.300)	(10.300)	(10.300)
机械	汽车式起重机5t	台班	390.77	0.100	0.110	0.140	0.170	0.420	0.610

十五、管道支架制作及安装

工作内容: 切断、钻孔、焊接、固定安装。

单位:t

定 额 编 号				3-4-485	3-4-486
项 目				管道支架制作安装	管道支架安装
				100kg 以内	
基 价 (元)				**9579.89**	**2126.77**
其中	人 工 费 (元)			2968.00	1484.00
	材 料 费 (元)			4679.30	70.93
	机 械 费 (元)			1932.59	571.84
名 称		单位	单价(元)	消 耗 量	
人工	综合工日	工日	40.00	74.20	37.10
材料	型钢	t	3700.00	1.060	－
	电焊条	kg	4.40	37.900	8.310
	氧气	m³	3.60	22.420	1.170
	乙炔气	kg	12.80	7.840	0.510
	尼龙砂轮片 φ500	片	13.48	8.000	－
	水泥 32.5	t	270.00	0.075	0.075
	螺栓	kg	6.80	5.800	－
	螺母	个	3.00	2.200	－
	电	kW·h	0.85	14.730	－
	其他材料费	%	－	5.000	5.000
机械	交流电焊机 32kV·A	台班	148.80	10.640	3.800
	鼓风机 18m³/min	台班	215.31	1.000	－
	砂轮切割机 500mm	台班	46.24	2.500	－
	其他机械费	元	1.00	18.450	6.400

十六、管道试压

1. 低中压管道压力试验

工作内容:准备工作,制堵盲板,装设临时泵,管线,灌水加压,停压检查,强度试验,严密性试验,拆除临时性管线、盲板,现场清理。

单位:100m

定 额 编 号			3-4-487	3-4-488	3-4-489	3-4-490	3-4-491	3-4-492
项 目			公称直径(mm)					
			100	200	300	400	500	600
基 价 (元)			**210.19**	**294.56**	**414.02**	**519.65**	**664.81**	**843.17**
其中	人 工 费 (元)		168.40	206.40	280.80	334.40	400.00	429.60
	材 料 费 (元)		18.16	55.38	99.66	146.43	221.32	363.23
	机 械 费 (元)		23.63	32.78	33.56	38.82	43.49	50.34
名 称	单位	单价(元)	消	耗		量		
人工	综合工日	工日	40.00	4.21	5.16	7.02	8.36	10.00	10.74
材料	电焊条	kg	4.40	0.200	0.200	0.200	0.200	0.200	0.300
	氧气	m³	3.60	0.300	0.460	0.460	0.610	0.760	0.910
	乙炔气	kg	12.80	0.100	0.150	0.150	0.200	0.250	0.300
	中厚钢板 15mm 以下	kg	4.50	2.450	7.380	11.620	14.210	18.060	20.780
	水	m³	4.00	0.820	3.240	7.310	12.440	19.800	35.540
	其他材料费	%	–	3.500	9.400	15.900	22.700	32.300	48.800
机械	交流电焊机 30kV·A	台班	140.46	0.050	0.050	0.050	0.050	0.050	0.075
	直流电焊机 20kW	台班	133.54	0.050	0.050	0.050	0.050	0.050	0.075
	试压泵 60MPa	台班	83.72	0.100	0.200	0.200	0.300	0.300	0.300
	立式钻床 φ25	台班	77.86	0.020	0.030	0.040	–	0.060	0.060

2. 高压管道压力试验

工作内容:准备工作,制堵盲板,装设临时泵,管线,灌水加压,停压检查,强度试验,严密性试验,拆除临时性管线、盲板,现场清理。

单位:100m

定　额　编　号			3-4-493	3-4-494	3-4-495	3-4-496	3-4-497	3-4-498
项　目			公称直径(mm)					
			100	200	300	400	500	600
基　价　(元)			**302.90**	**435.69**	**638.97**	**798.04**	**1025.45**	**1138.96**
其中	人　工　费　(元)		192.80	234.80	317.20	378.00	450.40	495.60
	材　料　费　(元)		26.05	89.75	172.81	243.22	360.41	408.62
	机　械　费　(元)		84.05	111.14	148.96	176.82	214.64	234.74
名　称	单位	单价(元)	消　　耗　　量					
人工 综合工日	工日	40.00	4.82	5.87	7.93	9.45	11.26	12.39
材料 电焊条	kg	4.40	0.200	0.200	0.200	0.200	0.200	0.200
氧气	m³	3.60	0.300	0.460	0.530	0.610	0.760	0.836
乙炔气	kg	12.80	0.100	0.150	0.180	0.200	0.250	0.275
中厚钢板15mm以下	kg	4.50	4.080	15.070	23.240	28.420	36.120	39.732
水	m³	4.00	0.820	1.700	7.310	12.440	19.800	21.780
其他材料费	%	–	4.700	13.500	24.400	32.700	45.000	49.500
机械 交流电焊机 30kV·A	台班	140.46	0.050	0.050	0.050	0.050	0.050	0.050
直流电焊机 20kW	台班	133.54	0.050	0.050	0.050	0.050	0.050	0.050
普通车床 φ630×2000	台班	154.06	0.300	0.400	0.600	0.700	0.900	0.990
立式钻床 φ25	台班	77.86	0.310	0.460	0.550	0.710	0.800	0.880

十七、施工定位(测量放线)

工作内容:施工准备、木桩加工、三桩测量放线、撒白灰线、验收、复测等。

单位:1000m

定　额　编　号			3-4-499	3-4-500
项　　目			平原段	山区段
基　　价　(元)			**703.58**	**1252.73**
其中	人　工　费　(元)		234.80	576.40
	材　料　费　(元)		220.29	209.20
	机　械　费　(元)		248.49	467.13
名　　　称	单位	单价(元)	消　　耗　　量	
人工 综合工日	工日	40.00	5.87	14.41
材料 生石灰	kg	0.15	920.000	690.000
中枋	m³	1800.00	0.039	0.052
调和漆	kg	8.00	0.200	0.267
其他材料费	%	-	5.000	5.000
机械 载重汽车 5t	台班	420.46	0.591	1.111

十八、运输和装卸管道
1. 拖管车运输

工作内容：装管、绑扎、运输、卸车至指定地点。

单位：1000m

定 额 编 号			3-4-501	3-4-502	3-4-503	3-4-504	3-4-505	3-4-506	3-4-507	3-4-508	3-4-509
项 目			公称直径(mm)								
			100	125	150	200	250	300	400	500	600
基 价 （元）			**2176.58**	**2786.07**	**3243.18**	**4301.84**	**5656.48**	**6806.23**	**9262.98**	**13001.41**	**23119.98**
其中	人 工 费 （元）		104.00	136.00	158.00	210.00	238.00	238.00	296.00	354.00	630.00
	材 料 费 （元）		42.60	42.60	42.60	42.60	79.15	79.15	79.15	107.10	195.25
	机 械 费 （元）		2029.98	2607.47	3042.58	4049.24	5339.33	6489.08	8887.83	12540.31	22294.73
名 称	单位	单价(元)	消		耗			量			
人工 综合工日	工日	40.00	2.60	3.40	3.95	5.25	5.95	5.95	7.40	8.85	15.75
材料 橡胶板 δ 4～15	kg	5.60	3.000	3.000	3.000	3.000	3.000	3.000	3.000	3.000	3.000
草袋	个	2.15	12.000	12.000	12.000	12.000	29.000	29.000	29.000	42.000	83.000
机械 管子拖车	台班	1825.00	0.930	1.190	1.390	1.850	2.500	3.130	4.350	6.250	11.110
汽车式起重机 8t	台班	593.97	0.370	0.480	0.560	0.740	0.750	0.750	1.040	1.250	2.220
履带式起重机 15t	台班	753.08	0.150	0.200	0.230	0.310	0.440	0.440	0.440	0.520	0.930

2．高架车运输

工作内容：装管、绑扎、运输、卸车至指定地点。

单位：1000m

定　额　编　号			3-4-510	3-4-511	3-4-512	3-4-513	3-4-514	3-4-515	3-4-516	3-4-517	3-4-518
项　　目			公称直径（mm）								
			100	125	150	200	250	300	400	500	600
基　　　价　（元）			4245.39	5185.77	5843.28	8080.23	10452.02	12285.02	16095.17	21192.85	33040.98
其中	人　工　费（元）		446.40	547.20	533.20	738.40	960.00	1129.60	1476.80	1920.00	2666.40
	材　料　费（元）		131.38	131.38	131.38	173.54	173.54	193.32	287.74	635.89	635.89
	机　械　费（元）		3667.61	4507.19	5178.70	7168.29	9318.48	10962.10	14330.63	18636.96	29738.69
名　　称	单位	单价（元）	消　　　耗　　　量								
人工	综合工日	工日	40.00	11.16	13.68	13.33	18.46	24.00	28.24	36.92	48.00	66.66
材料	橡胶板 δ4～15	kg	5.60	2.900	2.900	2.900	4.140	4.140	4.140	7.250	14.500	14.500
	道木 220×160×2500	根	159.60	0.200	0.200	0.200	0.290	0.290	0.290	0.500	1.000	1.000
	白棕绳 φ40	kg	5.78	3.350	3.350	3.350	4.790	4.790	4.790	8.380	16.750	16.750
	草袋	个	2.15	25.000	25.000	25.000	25.000	25.000	33.000	33.000	50.000	50.000
	其他材料费	%	－	8.330	8.330	8.330	15.000	15.000	15.000	20.000	42.860	42.860
机械	载重汽车 10t	台班	694.26	3.700	4.550	5.560	7.690	10.000	11.760	15.380	20.000	33.330
	汽车式起重机 8t	台班	593.97	1.850	2.270	2.220	3.080	4.000	4.710	6.150	8.000	11.110

十九、机械运布管

工作内容:装管、倒管、卸管、布管,平整摆管一侧的施工道路。 单位:1000m

定 额 编 号			3-4-519	3-4-520	3-4-521	3-4-522	3-4-523
项 目			公称直径(mm)				
			100	125	150	200	250
基 价 (元)			**1440.09**	**1506.96**	**1608.41**	**1811.34**	**2190.43**
其中	人 工 费 (元)		93.20	100.00	110.00	130.00	166.80
	材 料 费 (元)		–	–	–	–	–
	机 械 费 (元)		1346.89	1406.96	1498.41	1681.34	2023.63
名 称	单位	单价(元)	消	耗		量	
人工	综合工日	工日	40.00	2.33	2.50	2.75	3.25	4.17
机械	履带式推土机 55kW	台班	492.32	1.000	1.000	1.000	1.000	1.000
	履带式拖拉机 55kW	台班	509.83	0.930	1.000	1.100	1.300	1.670
	汽车式起重机 5t	台班	390.77	0.940	1.000	1.100	1.300	1.680
	其他机械费	元	1.00	13.100	14.040	15.430	18.240	23.400

工作内容:装管、倒管、卸管、布管,平整摆管一侧的施工道路。

单位:1000m

定 额 编 号				3-4-524	3-4-525	3-4-526	3-4-527	3-4-528	3-4-529	3-4-530
项 目				公称直径(mm)						
				300	350	400	450	500	600	700～1000
基 价 (元)				**2190.43**	**2190.43**	**2387.83**	**2387.83**	**2759.11**	**3875.21**	**5534.26**
其中	人 工 费 (元)			166.80	166.80	186.40	186.40	223.20	333.20	497.60
	材 料 费 (元)			-	-	-	-	-	-	-
	机 械 费 (元)			2023.63	2023.63	2201.43	2201.43	2535.91	3542.01	5036.66
名 称		单位	单价(元)	消	耗		量			
人工	综合工日	工日	40.00	4.17	4.17	4.66	4.66	5.58	8.33	12.44
机械	履带式推土机55kW	台班	492.32	1.000	1.000	1.000	1.000	1.000	1.000	1.000
	履带式拖拉机55kW	台班	509.83	1.670	1.670	1.860	1.860	2.230	3.330	4.962
	汽车式起重机5t	台班	390.77	1.680	1.680	1.880	1.880	2.240	3.340	4.977
	其他机械费	元	1.00	23.400	23.400	26.180	26.180	31.340	46.780	69.702

第五章　构筑物

说　　明

一、本章定额包括现浇混凝土、现浇钢筋混凝土及砖石构筑物等。

二、混凝土是按现场搅拌和机拌、机捣计算的,若因施工条件限制现场不能搅拌,必须进行混凝土长距离运送,当运距超过50m时,按地方相应规定执行。

三、若混凝土采用商品混凝土,参照地方规定进行调整。

四、本定额的模板是按木模考虑的,如实际使用钢模时可按各地规定进行计算,无规定者,按相应定额的木模材料摊销量以$6m^3$折合钢模1t,人工综合工日乘以1.11系数。

五、钢筋以吨计算。钢筋接头如设计有规定者,按设计规定计算;设计无规定者,可按设计图示尺寸(不包括接头)乘以系数1.026计算;施工中需加撑筋及锚固筋时,也应计入钢筋总用量内。

六、模板、钢筋的场内运输已包括在定额内。

七、本定额中的毛石混凝土定额是按毛石占20%计算的,如设计要求不同时,可换算。

一、现浇钢筋混凝土排水井

工作内容：1.模板制作、安装、拆除、材料及半成品场内搬运。2.混凝土搅拌、运输、浇捣及养护。

单位：10m³

定 额 编 号			3-5-1	3-5-2	3-5-3	3-5-4	3-5-5
项 目			排水井基座		窗口式井身	框架式井身	
			砼体积		井高在20m以内	井高在20m以内	
						单柱断面周长在	
			＜50m³	＞50m³	不分直径壁厚	＜1.5m	＞1.5m
基 价 （元）			**1796.78**	**1539.79**	**8264.45**	**7858.26**	**6501.49**
其中	人 工 费 （元）		1028.00	926.40	4960.80	4164.80	3692.00
	材 料 费 （元）		613.07	469.83	2290.46	2513.62	2022.14
	机 械 费 （元）		155.71	143.56	1013.19	1179.84	787.35
名 称	单位	单价（元）	消	耗	量		
人工 综合工日	工日	40.00	25.70	23.16	124.02	104.12	92.30
材料 混凝土	m³	－	(10.300)	(10.300)	(10.300)	(10.300)	(10.300)
板材	m³	1300.00	0.181	0.132	1.177	1.146	0.926
小枋	m³	1900.00	0.147	0.113	0.128	0.361	0.270
中枋	m³	1800.00			0.103	－	－

单位:10m³

定 额 编 号			3-5-1	3-5-2	3-5-3	3-5-4	3-5-5
项 目			排水井基座		窗口式井身	框架式井身	
					井高在20m以内	井高在20m以内	
			砼体积		井高在20m以内	单柱断面周长在	
			<50m³	>50m³	不分直径壁厚	<1.5m	>1.5m
材料	铁钉	kg	6.97	3.400	2.490	18.240	20.740	17.520
	铁丝 8~22	kg	4.60	2.730	2.430	4.930	6.790	8.260
	草袋	个	2.15	0.950	0.690	0.260	2.380	2.650
	水	m³	4.00	12.010	11.200	26.050	23.550	21.630
	隔离剂	kg	6.70	1.720	1.230	11.180	9.000	7.610
	其他材料费	%	–	0.100	0.100	0.100	0.100	0.100
机械	滚筒式混凝土搅拌机(电动) 400L	台班	117.90	0.400	0.400	1.030	1.030	1.030
	混凝土振捣器 插入式	台班	13.89	0.790	0.790	2.060	2.060	2.060
	卷扬机(单筒快速) 2t	台班	133.51	0.400	0.400	4.380	3.860	3.590
	木工圆锯机 φ500	台班	31.97	0.210	0.150	2.080	1.620	1.370
	木工平刨床 450mm	台班	20.10	0.070	0.050	0.430	0.350	0.300
	载重汽车 4t	台班	327.78	0.110	0.080	0.620	1.390	0.330

二、现浇混凝土圆形排水管垫座

工作内容:1.模板制作、安装、拆除、材料及半成品场内运输。2.混凝土搅拌、运输、浇捣及养护。

单位:10m³

定 额 编 号			3-5-6	3-5-7	3-5-8	3-5-9
项 目			混凝土		毛石混凝土	
			排水管直径(mm)			
			800	1000	800	1000
基 价 (元)			**1891.42**	**1565.79**	**1948.69**	**1705.00**
其中	人 工 费 (元)		843.20	777.60	812.40	742.40
	材 料 费 (元)		907.84	697.96	1038.35	829.93
	机 械 费 (元)		140.38	90.23	97.94	132.67
名 称	单位	单价(元)	消 耗 量			
人工 综合工日	工日	40.00	21.08	19.44	20.31	18.56
材料 混凝土	m³	–	(10.300)	(10.300)	(8.240)	(8.240)
毛石	m³	41.00	–	–	3.180	3.180
大枋	m³	1700.00	0.313	0.227	0.313	0.227
板材	m³	1300.00	0.177	0.141	0.177	0.141
中枋	m³	1800.00	0.037	0.032	0.037	0.032

续前

定 额 编 号				3-5-6	3-5-7	3-5-8	3-5-9
项 目				混凝土		毛石混凝土	
				排水管直径(mm)			
				800	1000	800	1000
材料	铁钉	kg	6.97	2.860	2.270	2.860	2.270
	草袋	个	2.15	2.475	1.322	2.475	2.000
	水	m³	4.00	10.640	10.840	10.640	10.840
	隔离剂	kg	6.70	1.540	1.260	1.540	1.260
	其他材料费	%	–	0.100	0.100	0.100	0.100
机械	滚筒式混凝土搅拌机(电动)400L	台班	117.90	0.400	0.040	0.040	0.400
	混凝土振捣器 插入式	台班	13.89	0.800	0.800	0.800	0.800
	卷扬机(单筒快速)2t	台班	133.51	0.400	0.400	0.400	0.400
	木工圆锯机 φ500	台班	31.97	0.130	0.100	0.130	0.100
	木工平刨床 450mm	台班	20.10	0.080	0.070	0.080	0.070
	载重汽车 4t	台班	327.78	0.070	0.050	0.070	0.050

注:1. 圆形排水管直径在1000mm以内的是刚性垫座的排水圆管。直径在1000mm以上的是整体式排水圆管。2. 方形排水管均是整体式。

三、现浇钢筋混凝土排水管

工作内容:1.模板制作、安装、拆除、材料及半成品场内运输。2.混凝土搅拌、运输、浇捣及养护。

单位:10m³

定 额 编 号			3-5-10	3-5-11	3-5-12	3-5-13	3-5-14	3-5-15
项 目			圆形排水管(mm)					
			直径 φ800		直径 φ1000		直径 φ1200	
			壁厚(mm)					
			<150	>150	<200	>200	<200	>200
基 价 (元)			**5049.05**	**3731.56**	**3965.51**	**3435.38**	**2964.84**	**3072.40**
其中	人 工 费 (元)		2516.80	1876.80	2000.00	1902.00	1764.80	1539.60
	材 料 费 (元)		2148.31	1500.65	1603.29	1191.51	844.02	1192.81
	机 械 费 (元)		383.94	354.11	362.22	341.87	356.02	339.99
名 称	单位	单价(元)	消		耗		量	
人工 综合工日	工日	40.00	62.92	46.92	50.00	47.55	44.12	38.49
材料 混凝土	m³	–	(10.300)	(10.300)	(10.300)	(10.300)	(10.300)	(10.300)
板材	m³	1300.00	0.754	0.503	0.570	0.411	0.455	0.347
中枋	m³	1800.00	0.078	0.050	0.049	0.035	0.022	0.018
大枋	m³	1700.00	0.488	0.360	0.362	0.276	0.047	0.352

续前

单位:10m³

定 额 编 号				3-5-10	3-5-11	3-5-12	3-5-13	3-5-14	3-5-15
项 目				圆形排水管(mm)					
				直径 φ800		直径 φ1000		直径 φ1200	
				壁厚(mm)					
				<150	>150	<200	>200	<200	>200
材料	铁钉	kg	6.97	12.180	8.120	9.200	6.640	7.340	5.600
	草袋	个	2.15	2.720	1.920	2.070	1.560	1.330	1.080
	水	m³	4.00	15.100	13.160	13.670	12.450	12.790	11.950
	隔离剂	kg	6.70	6.690	4.460	5.050	3.640	4.030	3.070
	其他材料费	%	–	0.100	0.100	0.100	0.100	0.100	0.100
机械	滚筒式混凝土搅拌机(电动) 400L	台班	117.90	1.030	1.030	1.030	1.030	1.030	1.030
	混凝土振捣器 插入式	台班	13.89	2.060	2.060	2.060	2.060	2.060	2.060
	卷扬机(单筒快速) 2t	台班	133.51	1.030	1.030	1.030	1.030	1.030	1.030
	木工圆锯机 φ500	台班	31.97	0.430	0.290	0.320	0.240	0.260	0.200
	木工平刨床 450mm	台班	20.10	0.360	0.240	0.270	0.200	0.220	0.170
	载重汽车 4t	台班	327.78	0.230	0.160	0.180	0.130	0.170	0.130

工作内容:模板制作、安装、拆除、材料及半成品场内运输。　　　　　　　　　　　　单位:10m³

定　额　编　号			3-5-16	3-5-17	3-5-18	3-5-19	3-5-20	3-5-21
项　　目			圆形排水管(mm)					方形排水管
			直径 φ1500		直径 φ2000		直径 φ3000	
			壁厚(mm)				不分壁厚	
			<300	>300	<300	>300		
基　　　　价　（元）			**3170.52**	**2619.36**	**2963.78**	**2412.05**	**2331.65**	**3064.32**
其中	人　工　费　（元）		1600.00	1384.40	1508.80	1303.20	1284.40	1284.40
	材　料　费　（元）		1226.73	907.21	1115.51	785.42	717.26	1443.52
	机　械　费　（元）		343.79	327.75	339.47	323.43	329.99	336.40
名　　　　称	单位	单价(元)	消　　　　耗　　　　量					
人工 综合工日	工日	40.00	40.00	34.61	37.72	32.58	32.11	32.11
材料 混凝土	m³	－	(10.300)	(10.300)	(10.300)	(10.300)	(10.300)	(10.300)
板材	m³	1300.00	0.375	0.272	0.331	0.232	0.222	0.440
中枋	m³	1800.00	0.018	0.013	0.014	0.011	0.010	0.149
大枋	m³	1700.00	0.347	0.256	0.325	0.222	0.192	0.271
铁钉	kg	6.97	6.070	4.400	5.350	3.760	3.590	7.070

定 额 编 号			3-5-16	3-5-17	3-5-18	3-5-19	3-5-20	3-5-21
项 目			圆形排水管(mm)					方形排水管
			直径 φ1500		直径 φ2000		直径 φ3000	
			壁厚(mm)				不分壁厚	
			<300	>300	<300	>300		
材料	草袋	个	2.15	1.120	0.840	0.970	0.720	0.650	7.100
	水	m³	4.00	12.170	11.370	11.830	11.070	10.980	12.660
	隔离剂	kg	6.70	3.330	2.410	2.940	2.060	1.970	3.880
	其他材料费	%	—	0.100	0.100	0.100	0.100	0.100	0.100
机械	滚筒式混凝土搅拌机(电动) 400L	台班	117.90	1.030	1.030	1.030	1.030	1.030	1.030
	混凝土振捣器 插入式	台班	13.89	2.060	2.060	2.060	2.060	2.060	1.030
	混凝土振捣器 平板式	台班	16.73	—	—	—	—	—	1.030
	卷扬机(单筒快速) 2t	台班	133.51	1.030	1.030	1.030	1.030	1.030	1.030
	木工圆锯机 φ500	台班	31.97	0.210	0.150	0.190	0.130	0.130	0.170
	木工平刨床 450mm	台班	20.10	0.180	0.130	0.160	0.110	0.110	0.220
	载重汽车 4t	台班	327.78	0.140	0.100	0.130	0.090	0.110	0.110

四、现浇钢筋混凝土套管及连接井

工作内容:1. 模板制作、安装、拆除、材料及半成品场内运输。2. 混凝土搅拌、运输、浇捣及养护。

单位:10m³

定 额 编 号			3-5-22	3-5-23	3-5-24	3-5-25
项 目			套管			连接井
			拱形	圆形	方形	
基 价 (元)			**6256.83**	**5992.49**	**3965.13**	**3471.06**
其中	人 工 费 (元)		3534.40	3618.00	2547.60	1510.80
	材 料 费 (元)		2365.25	2014.47	1102.70	1604.57
	机 械 费 (元)		357.18	360.02	314.83	355.69
名 称	单位	单价(元)	消	耗	量	
人工 综合工日	工日	40.00	88.36	90.45	63.69	37.77
材料 混凝土	m³	—	(10.300)	(10.300)	(10.300)	(10.300)
板材	m³	1300.00	1.246	1.314	0.709	0.293
小枋	m³	1900.00	0.235	—	—	0.051
大枋	m³	1700.00	—	—	—	0.604
铁钉	kg	6.97	20.130	21.230	11.450	4.520
草袋	个	2.15	3.060	3.060	4.700	1.870
水	m³	4.00	18.900	18.900	11.960	11.540
隔离剂	kg	6.70	11.060	11.060	6.290	2.490
其他材料费	%	—	0.100	0.100	0.100	0.100
机械 滚筒式混凝土搅拌机(电动)400L	台班	117.90	1.030	1.030	1.030	1.030
混凝土振捣器 插入式	台班	13.89	—	—	—	2.060
卷扬机(单筒快速)2t	台班	133.51	1.030	1.030	1.030	1.030
木工圆锯机 φ500	台班	31.97	1.260	1.330	0.720	0.300
木工平刨床 450mm	台班	20.10	0.600	0.630	0.330	0.140
载重汽车 4t	台班	327.78	0.140	0.140	0.080	0.170

五、现浇钢筋混凝土排水斜槽、架空渡槽及流槽

工作内容:1.模板制作、安装、拆除、材料及半成品场内运输。2.混凝土搅拌、运输、浇捣及养护。　　　　单位:10m³

定　额　编　号			3-5-26	3-5-27	3-5-28	3-5-29	3-5-30	3-5-31
项　　目			排水斜槽		排水斜槽	架空渡槽		流槽
			槽底		槽壁	槽底	槽壁	
			无底模	有底模				
基　　　价　（元）			**1077.61**	**2110.61**	**3954.87**	**4765.39**	**4283.00**	**5578.54**
其中	人　工　费　（元）		714.40	990.40	1686.40	1447.20	1918.40	3210.80
	材　料　费　（元）		243.06	969.22	1905.56	2874.30	2013.40	2099.80
	机　械　费　（元）		120.15	150.99	362.91	443.89	351.20	267.94
名　　　称	单位	单价(元)	消	耗		量		
人工 综合工日	工日	40.00	17.86	24.76	42.16	36.18	47.96	80.27
材料 混凝土	m³	－	(10.300)	(10.300)	(10.300)	(10.300)	(10.300)	(10.300)
板材	m³	1300.00	0.086	0.317	0.633	0.120	0.805	0.836
小枋	m³	1900.00	－	－	－	0.017	0.372	－
中枋	m³	1800.00	0.033	0.250	0.500	－	－	0.403
铁钉	kg	6.97	1.700	5.500	11.000	10.610	13.000	16.320

单位:10m³

定 额 编 号				3-5-26	3-5-27	3-5-28	3-5-29	3-5-30	3-5-31
项 目				排水斜槽			排水斜槽	架空渡槽		流槽
				槽底		槽壁	槽底	槽壁	
				无底模	有底模				
材 料	草袋	个	2.15	6.050	3.030	1.650	18.150	2.300	10.100
	水	m³	4.00	10.100	10.100	14.700	17.390	15.500	22.500
	隔离剂	kg	6.70	0.950	3.120	6.230	5.820	7.140	8.960
	大枋	m³	1700.00	–	–	–	1.448	0.031	–
	其他材料费	%	–	0.100	0.100	0.100	0.100	0.100	0.100
机 械	滚筒式混凝土搅拌机(电动) 400L	台班	117.90	0.400	0.400	1.030	1.030	1.030	1.030
	混凝土振捣器 插入式	台班	13.89	–	0.800	2.060	2.060	2.060	2.060
	混凝土振捣器 平板式	台班	16.73	0.800	–	–	–	–	–
	卷扬机(单筒快速) 2t	台班	133.51	0.400	0.400	1.030	1.030	1.030	–
	木工圆锯机 φ500	台班	31.97	0.060	0.200	0.400	0.280	0.310	0.720
	木工平刨床 450mm	台班	20.10	0.050	0.170	0.340	0.320	0.390	0.480
	载重汽车 4t	台班	327.78	0.010	0.090	0.170	0.430	0.140	0.260

六、现浇钢筋混凝土管道支架及架空渡槽、管桥下部结构

工作内容:1.模板制作、安装、拆除、材料及半成品场内运输。2.混凝土搅拌、运输、浇捣及养护。　　　　　　单位:10m³

定　额　编　号			3-5-32	3-5-33	3-5-34	3-5-35
项　　目			基础		矩形梁	矩形柱
			矩形柱基	杯形		
基　　价　（元）			**3010.75**	**2130.31**	**7105.02**	**5573.97**
其中	人　工　费　（元）		1301.60	1071.60	2130.40	1917.20
	材　料　费　（元）		1548.21	913.28	4503.74	3266.29
	机　械　费　（元）		160.94	145.43	470.88	390.48
名　　称	单位	单价(元)	消　　耗　　量			
人工 综合工日	工日	40.00	32.54	26.79	53.26	47.93
材料 混凝土	m³	－	(10.300)	(10.300)	(10.300)	(10.300)
板材	m³	1300.00	0.329	0.286	0.632	0.500
小枋	m³	1900.00	0.482	0.128	0.913	0.678
铁钉	kg	6.97	5.310	4.610	12.320	8.090
铁丝 8～22	kg	4.60	7.220	5.600	5.500	1.360

续前

定 额 编 号			3-5-32	3-5-33	3-5-34	3-5-35
项 目			基础		矩形梁	矩形柱
			矩形柱基	杯形		
材 料	草袋	个	2.15	11.810	11.480	15.170	13.140
	水	m³	4.00	2.920	2.530	6.770	4.440
	隔离剂	kg	6.70	0.100	0.100	0.100	0.100
	大枋	m³	1700.00	0.056	0.120	1.042	0.715
	其他材料费	%	–	0.100	0.100	0.100	0.100
机 械	滚筒式混凝土搅拌机(电动) 400L	台班	117.90	0.400	0.400	1.030	1.030
	混凝土振捣器 插入式	台班	13.89	0.800	0.800	2.060	2.060
	卷扬机(单筒快速) 2t	台班	133.51	0.400	0.400	1.030	1.030
	木工圆锯机 ϕ500	台班	31.97	0.210	0.250	0.580	0.300
	木工平刨床 450mm	台班	20.10	0.160	0.140	0.370	0.240
	载重汽车 4t	台班	327.78	0.120	0.070	0.480	0.270

七、现浇钢筋混凝土垫头、挡墩及钢筋混凝土池

工作内容：1. 模板制作、安装、拆除、材料及半成品场内运输。2. 混凝土搅拌、运输、浇捣及养护。

单位：10m³

定 额 编 号			3-5-36	3-5-37	3-5-38	3-5-39	3-5-40
项 目			垫头	挡墩	钢筋混凝土池	钢筋混凝土池	
					底	壁	
						圆形	方形
基 价 （元）			3269.65	1631.10	1551.46	5629.52	5367.86
其中	人 工 费 （元）		1942.00	808.00	1046.80	2896.80	1966.80
	材 料 费 （元）		1007.29	736.44	371.92	2304.61	2935.26
	机 械 费 （元）		320.36	86.66	132.74	428.11	465.80
名 称	单位	单价(元)	消	耗	量		
人工 综合工日	工日	40.00	48.55	20.20	26.17	72.42	49.17
材料 混凝土	m³	－	(10.300)	(10.300)	(10.300)	(10.300)	(10.300)
板材	m³	1300.00	0.327	0.133	0.124	0.845	0.529
小枋	m³	1900.00	0.151	－	－	－	－
中枋	m³	1800.00	－	0.271	0.046	0.540	1.075
大枋	m³	1700.00	－	－	－	－	0.047

续前

定 额 编 号			3-5-36	3-5-37	3-5-38	3-5-39	3-5-40
项 目			垫头	挡墩	钢筋混凝土池	钢筋混凝土池	
					底	壁	
						圆形	方形
材料	铁钉	kg	6.97	5.280	2.610	1.550	16.100	17.700
	铁丝 8~22	kg	4.60	33.830	–	–	–	–
	草袋	个	2.15	16.390	1.250	16.940	0.760	0.660
	水	m³	4.00	11.800	11.120	19.110	16.190	15.080
	隔离剂	kg	6.70	2.900	1.440	0.580	7.940	6.660
	其他材料费	%	–	0.100	0.100	0.100	0.100	0.100
机械	滚筒式混凝土搅拌机(电动) 400L	台班	117.90	1.030	0.400	0.400	1.030	1.030
	混凝土振捣器 插入式	台班	13.89	2.060	0.800	–	2.060	2.060
	混凝土振捣器 平板式	台班	16.73	–	–	0.800	–	–
	卷扬机(单筒快速) 2t	台班	133.51	1.030	–	0.400	1.030	1.030
	木工圆锯机 φ500	台班	31.97	0.310	0.120	0.050	0.640	0.530
	木工平刨床 450mm	台班	20.10	0.160	0.080	0.040	0.430	0.360
	载重汽车 4t	台班	327.78	0.060	0.070	0.050	0.340	0.470

八、钢筋混凝土构筑物钢筋制作安装

工作内容: 1.钢筋制作、安装:制作、绑扎、浇筑混凝土时照着钢筋,原材料及半成品场内运输。2.锚固钢筋:制作现场置放钢筋入锚固孔,浇筑时照看钢筋,场内运输。3.埋设铁件:场内运输、找正、固定、支点处焊接。

单位:1t

定　额　编　号			3-5-41	3-5-42	3-5-43	3-5-44	3-5-45	3-5-46	3-5-47
项　　目			排水井		排水管		连接井	排水斜槽	架空渡槽流槽
			井座	井身	管	套管			
基　　价　（元）			**4428.08**	**4763.51**	**4467.60**	**4616.72**	**4405.38**	**4341.27**	**4744.04**
其中	人　工　费　（元）		409.20	744.00	470.40	605.20	380.80	327.20	737.20
	材　料　费　（元）		3985.20	3986.96	3966.89	3968.86	3990.90	3991.62	3950.71
	机　械　费　（元）		33.68	32.55	30.31	42.66	33.68	22.45	56.13
名　　称	单位	单价（元）	消　　　　耗　　　　量						
人工 综合工日	工日	40.00	10.23	18.60	11.76	15.13	9.52	8.18	18.43
材料 钢筋 φ10 以内	t	3820.00	0.164	0.103	0.369	0.489	0.040	－	0.620
钢筋 φ10 以外	t	3900.00	0.857	0.917	0.650	0.532	0.980	1.020	0.400
铁丝 8～22	kg	4.60	3.570	3.740	4.850	5.670	3.500	2.960	4.850
机械 钢筋调直机 φ14	台班	40.33	0.300	0.290	0.270	0.380	0.300	0.200	0.500
钢筋切断机 φ40	台班	47.66	0.300	0.290	0.270	0.380	0.300	0.200	0.500
钢筋弯曲机 φ40	台班	24.26	0.300	0.290	0.270	0.380	0.300	0.200	0.500

工作内容:1. 钢筋制作、安装:制作、绑扎、浇筑混凝土时照着钢筋,原材料及半成品场内运输。2. 锚固钢筋:制作现场置放钢筋入锚固孔,浇筑时照看钢筋,场内运输。3. 埋设铁件:场内运输、找正、固定、支点处焊接。

单位:1t

定 额 编 号			3-5-48	3-5-49	3-5-50	3-5-51	3-5-52	3-5-53	3-5-54
项 目			管道支架及架空渡槽、管桥、下部结构				池	锚固钢筋	埋设铁件
			基础		矩形柱	矩形梁			
			矩形柱基	杯形					
基 价 (元)			**4396.34**	**4475.46**	**4528.03**	**4338.90**	**4418.42**	**4262.22**	**1102.54**
其中	人 工 费 (元)		412.40	463.20	509.60	314.40	405.20	258.40	832.40
	材 料 费 (元)		3952.51	3979.71	3978.02	3998.68	3981.79	3978.00	242.05
	机 械 费 (元)		31.43	32.55	40.41	25.82	31.43	25.82	28.09
名 称	单位	单价(元)	消		耗		量		
人工 综合工日	工日	40.00	10.31	11.58	12.74	7.86	10.13	6.46	20.81
材料 钢筋 φ10 以内	t	3820.00	0.623	0.169	0.270	0.092	0.124	–	–
钢筋 φ10 以外	t	3900.00	0.400	0.851	0.750	0.930	0.896	1.020	–
铁丝 8～22	kg	4.60	2.750	3.310	4.700	4.400	2.980	–	–
铁件	kg	5.50	–	–	–	–	–	–	1.000
铁钉	kg	6.97	–	–	–	–	–	–	15.000
电焊条	kg	4.40	–	–	–	–	–	–	30.000
机械 钢筋调直机 φ14	台班	40.33	0.280	0.290	0.360	0.230	0.280	0.230	–
钢筋切断机 φ40	台班	47.66	0.280	0.290	0.360	0.230	0.280	0.230	–
钢筋弯曲机 φ40	台班	24.26	0.280	0.290	0.360	0.230	0.280	0.230	–
交流电焊机 30kV·A	台班	140.46	–	–	–	–	–	–	0.200

九、砖石砌体

工作内容:调制砂浆、材料及半成品场内运输、砌筑。

单位:10m³

定 额 编 号			3-5-55	3-5-56	3-5-57	3-5-58	3-5-59	3-5-60	3-5-61
项 目			砖砌体		浆砌砖面				
			砖沟	零星砌体	沟槽	挡土墙	护坡	护底	管墩
基 价 (元)			**2369.83**	**2807.38**	**1706.26**	**1527.32**	**1548.92**	**1524.12**	**1732.52**
其中	人 工 费 (元)		470.40	902.40	544.80	457.20	478.80	454.00	624.80
	材 料 费 (元)		1879.13	1886.78	1128.56	1038.62	1038.62	1038.62	1074.82
	机 械 费 (元)		20.30	18.20	32.90	31.50	31.50	31.50	32.90
名 称	单位	单价(元)	消	耗		量			
人工 综合工日	工日	40.00	11.76	22.56	13.62	11.43	11.97	11.35	15.62
材料 标准砖	1000 块	290.00	5.340	5.450	–	–	–	–	–
块石	m³	44.00	–	–	12.200	11.800	11.800	11.800	12.200
水泥砂浆 M15	m³	143.09	2.280	2.110	3.760	3.630	3.630	3.630	3.760
水	m³	4.00	1.070	1.090	–	–	–	–	–
其他材料费	%		–	–	5.000	–	–	–	–
机械 灰浆搅拌机 200L	台班	69.99	0.290	0.260	0.470	0.450	0.450	0.450	0.470

第六章　其他工程

说　　明

一、本章定额包括垫层、勾缝、抹灰、涂刷沥青、沟槽铸石板、伸缩缝、止水、脚手架及材料场外二次运输等项。

二、勾缝，按墙面垂直投影勾缝面积计算，不扣除洞口所占的面积，但洞口侧壁的勾缝面积亦不增加。

三、涂刷沥青已包括了刷一遍冷底子油。

四、铸石板贴面面积按铸石板与沟槽的接触面积计算。

五、单、双排脚手架及室外管道脚手架，定额已综合了斜道、上料平台等内容，使用中不得调整。

六、本定额不包括场外二次运输费用，当实际发生时，根据施工组织设计参照地方定额执行。

一、垫层

工作内容:1.铺设垫层、找平、夯实。2.混凝土搅拌、运输、浇捣及养护。

单位:10m³

定 额 编 号			3-6-1	3-6-2	3-6-3	3-6-4
项 目			沙	毛石	碎(砾)石	混凝土
基 价 (元)			**713.63**	**875.22**	**969.55**	**1980.23**
其中	人 工 费 (元)		154.00	237.60	216.80	526.00
	材 料 费 (元)		553.91	624.76	739.89	1398.55
	机 械 费 (元)		5.72	12.86	12.86	55.68
名 称	单位	单价(元)	消 耗 量			
人工 综合工日	工日	40.00	3.85	5.94	5.42	13.15
材料 现浇混凝土 C10-15(碎石)	m³	136.49	–	–	–	10.100
碎(砾)石	m³	55.00	–	–	11.000	–
毛石	m³	41.00	–	12.120	–	–
中(粗)砂	m³	47.00	11.530	2.720	2.870	–
水	m³	4.00	3.000	–	–	5.000
机械 滚筒式混凝土搅拌机(电动) 400L	台班	117.90	–	–	–	0.380
混凝土振捣器 平板式	台班	16.73	–	–	–	0.650
蛙式打夯机	台班	23.82	0.240	0.540	0.540	–

二、勾缝及抹灰

工作内容: 1.勾缝:调制砂浆及运输,刻瞎眼、勾缝。2.抹灰:调制砂浆及运输,抹平、压实赶光。　　　　　　单位:100m²

定 额 编 号				3-6-5	3-6-6	3-6-7	3-6-8
项　　　目				勾缝		抹灰	
				砌砖面	砌石面		砌砖面
基　　价　（元）				**301.55**	**364.56**	**1300.03**	**986.09**
其中	人　工　费　（元）			266.40	304.40	754.80	581.60
	材　料　费　（元）			33.05	56.66	511.63	379.99
	机　械　费　（元）			2.10	3.50	33.60	24.50
名　　　称		单位	单价（元）	消　　耗　　量			
人工	综合工日	工日	40.00	6.66	7.61	18.87	14.54
材料	水泥砂浆 M15	m³	143.09	0.210	0.360	3.570	2.650
	水	m³	4.00	–	–	0.200	0.200
	其他材料费	%	–	10.000	10.000	–	–
机械	灰浆搅拌机 200L	台班	69.99	0.030	0.050	0.480	0.350

三、涂刷沥青

工作内容: 1. 混凝土面、抹灰面、砖墙面:清理基层熬制沥青、配制冷底子、涂刷等。 2. 钢管、铸铁管:除锈、配制及涂刷冷底子油一遍,熬制及涂刷沥青两遍。

单位:100m²

定 额 编 号				3-6-9	3-6-10	3-6-11	3-6-12	3-6-13	3-6-14
项 目				混凝土面、抹灰面及砖墙面					
				第一遍(包括刷冷底子油)			每增加一遍		
				平面	立面		平面	立面	
					砼面、抹灰面	砖墙面		砼面、抹灰面	砖墙面
基 价 (元)				**961.79**	**1013.13**	**1124.37**	**549.76**	**596.15**	**685.64**
其中	人 工 费 (元)			78.80	86.80	96.00	22.80	26.80	32.00
	材 料 费 (元)			873.50	914.94	1015.09	522.22	563.66	647.00
	机 械 费 (元)			9.49	11.39	13.28	4.74	5.69	6.64
名 称		单位	单价(元)	消	耗		量		
人工	综合工日	工日	40.00	1.97	2.17	2.40	0.57	0.67	0.80
材料	汽油	kg	6.50	15.000	15.000	16.500	–	–	–
	石油沥青	kg	3.30	224.000	236.000	262.000	151.000	163.000	187.000
	木柴	kg	0.46	80.000	84.000	94.000	52.000	56.000	65.000
机械	卷扬机(单筒快速) 1t	台班	94.89	0.100	0.120	0.140	0.050	0.060	0.070

四、沟槽贴铸石板

工作内容:清理、洗刷基层,调制及运输砂浆、弹线、贴铸石板等全部操作过程。

单位:100m²

定 额 编 号			3-6-15	3-6-16	3-6-17
项 目			铸面板厚度(mm)		
			20	25	30
基 价 (元)			**11139.80**	**13295.48**	**15427.46**
其中	人 工 费 (元)		2235.20	2292.00	2348.40
	材 料 费 (元)		8793.85	10892.73	12968.31
	机 械 费 (元)		110.75	110.75	110.75
名 称	单位	单价(元)	消	耗	量
人工 综合工日	工日	40.00	55.88	57.30	58.71
材料 铸石板 20mm 厚	t	1450.00	5.720	–	–
铸石板 25mm 厚	t	1450.00	–	7.160	–
铸石板 30mm 厚	t	1450.00	–	–	8.590
水泥砂浆 M15	m³	143.09	2.040	2.040	2.040
素水泥浆	m³	407.74	0.510	0.510	0.510
其他材料费	%	–		0.100	0.100
机械 灰浆搅拌机 200L	台班	69.99	0.430	0.430	0.430
卷扬机(单筒快速)1t	台班	94.89	0.850	0.850	0.850

五、伸缩缝及橡胶止水

工作内容：1.伸缩缝：缝清理、制作、填塞麻丝等全部操作过程。2.塑料止水：清晰缝面、安装等。

定 额 编 号			3-6-18	3-6-19	3-6-20	3-6-21	3-6-22
项 目			伸缩缝				橡胶止水
			沥青砂浆	沥青玛瑞脂	沥青木丝板	沥青麻丝	
单 位			100m²	100m²	100m²	100m²	100m
基 价（元）			**5442.10**	**904.60**	**17046.00**	**11170.10**	**6615.87**
其中	人 工 费（元）		1698.00	348.00	718.40	2390.00	892.00
	材 料 费（元）		3744.10	556.60	16327.60	8780.10	5723.87
	机 械 费（元）		－	－	－	－	－
名 称	单位	单价（元）	消	耗		量	
人工 综合工日	工日	40.00	42.45	8.70	17.96	59.75	22.30
材料	沥青砂浆1:2:7	m³	1000.59	3.050	－	－	－	－
	沥青30号	kg	4.50	－	－	850.000	1360.000	－
	木丝板25×610×1830	m²	120.00	－	－	103.000	－	－
	麻丝	kg	6.80	－	－	－	366.500	－
	木柴	kg	0.46	1505.000	1210.000	310.000	365.000	－
	橡胶止水带	m	56.00	－	－	－	－	101.000
	其他材料费	%		－	－	－	－	1.200

六、脚手架

1. 排水井脚手架

工作内容:1.绑扎、拆除脚手架、斜道、卷扬机塔架及安全网。2.材料场内搬运及堆放。

单位:1座

定　额　编　号			3-6-23	3-6-24	3-6-25	3-6-26	3-6-27	3-6-28	3-6-29	3-6-30
项　　　目			木制脚手架				竹制脚手架			
			排水井井身高度(m)							
			<20	<30	<40	每增2	<20	<30	<40	每增2
基　　价　(元)			50831.97	100801.74	150896.66	44661.08	63303.09	104395.85	140222.99	37608.84
其中	人　工　费　(元)		3221.20	6641.20	10186.80	3116.80	2814.40	4748.80	7561.60	2400.00
	材　料　费　(元)		46768.38	92878.92	138992.29	41085.39	60177.30	99155.38	132005.83	35035.12
	机　械　费　(元)		842.39	1281.62	1717.57	458.89	311.39	491.67	655.56	173.72
名　称	单位	单价(元)	消　　　　耗　　　　量							
人工	综合工日	工日	40.00	80.53	166.03	254.67	77.92	70.36	118.72	189.04	60.00
材料	板材	m³	1300.00	0.215	0.315	0.415	0.110	0.073	0.122	0.156	0.040
	中枋	m³	1800.00	0.089	0.127	0.166	0.040	0.087	0.126	0.167	0.040
	脚手杆	m³	932.00	0.687	1.049	1.412	0.380	0.119	0.153	0.204	0.050
	木防滑条(二等)	m³	1170.00	0.192	0.288	0.384	0.100	－	－	－	－
	铁丝 8～22	kg	4.60	551.470	829.950	1108.430	297.000	86.000	106.000	140.250	36.960
	铁钉	kg	6.97	7.240	13.620	20.000	5.800	1.220	1.900	2.350	0.580
	安全网	m²	9.73	9.510	11.150	12.800	2.940	4.130	8.000	9.750	2.160
	毛竹 φ90×6000	根	16.00	－	－	－	－	40.000	67.000	91.000	26.400
	竹脚手架	m²	23.00	－	－	－	－	3.200	4.900	7.800	2.480
	竹篾	百根	50.00	－	－	－	－	57.700	103.680	133.610	34.400
	钢筋 φ10 以内	t	3820.00	11.200	22.750	34.300	10.200	14.600	24.000	32.000	8.500
机械	载重汽车 4t	台班	327.78	2.570	3.910	5.240	1.400	0.950	1.500	2.000	0.530

2. 单、双排脚手架及室外管道脚手架

工作内容:搭设、拆除脚手架、斜道、上料台、安全网,上下翻板子,材料场内搬运及堆放。

单位:100m² 立面面积

定　额　编　号			3-6-31	3-6-32	3-6-33	3-6-34	3-6-35	3-6-36
项　　　　目			外脚手架			室外管道脚手架		
			木制单排	竹制双排	钢管制单排	木制	竹制	钢管制
基　　　价　（元）			**839.72**	**1396.64**	**430.78**	**704.90**	**977.40**	**380.09**
其中	人　工　费　（元）		270.80	260.40	237.60	271.60	185.20	232.00
	材　料　费　（元）		506.64	1093.63	163.68	354.63	749.59	102.20
	机　械　费　（元）		62.28	42.61	29.50	78.67	42.61	45.89
名　　　称	单位	单价(元)	消　　　　耗　　　　量					
人工 综合工日	工日	40.00	6.77	6.51	5.94	6.79	4.63	5.80
材料 板材	m³	1300.00	0.101	0.071	0.101	0.030	0.021	0.030
脚手杆	m³	932.00	0.239	–	–	0.097	–	–
木防滑条(二等)	m³	1170.00	0.011	–	–	0.011	–	–
铁丝 8~22	kg	4.60	27.170	0.660	–	42.960	0.660	–
铁钉	kg	6.97	0.300	0.900	–	0.300	0.900	–

定　额　编　号			3-6-31	3-6-32	3-6-33	3-6-34	3-6-35	3-6-36
项　　　目			外脚手架			室外管道脚手架		
			木制单排	竹制双排	钢管制单排	木制	竹制	钢管制
材 料	安全网	m²	9.73	1.300	1.300	1.300	1.300	1.300	1.300
	毛竹 φ90×6000	根	16.00	–	22.330	–	–	6.730	–
	竹脚手架	m²	23.00	–	1.830	–	–	0.550	–
	竹篾	百根	50.00	–	11.600	–	–	11.600	–
	钢管 DN50	kg	4.24	–	–	1.150	–	–	9.060
	直角扣件	个	5.00	–	–	0.040	–	–	1.050
	对接扣件	个	5.00	–	–	0.430	–	–	0.250
	回转扣件	个	5.00	–	–	0.220	–	–	0.070
	脚手架底座	个	7.00	–	–	0.100	–	–	0.060
	其他材料费	%	–	–	–	7.000	–	–	5.000
机械	载重汽车 4t	台班	327.78	0.190	0.130	0.090	0.240	0.130	0.140

注:外脚手架高 16m 以内。

3. 跑道木脚手架

工作内容:清场、挖坑、立杆、搭建、加固、铺钉板、扎栏杆、拆除、堆放。

单位:100m

定 额 编 号			3-6-37	3-6-38	3-6-39	3-6-40	3-6-41	3-6-42	3-6-43
项 目			一层架	二层架	三层架	四层架	五层架	六层架	七层架
基 价 (元)			6685.86	8320.73	10105.62	12855.70	14974.94	17180.94	19882.39
其中	人 工 费 (元)		2072.00	2620.00	3480.00	4728.00	5916.00	7192.00	8704.00
	材 料 费 (元)		4271.33	5276.25	6157.55	7533.43	8406.99	9259.30	10367.13
	机 械 费 (元)		342.53	424.48	468.07	594.27	651.95	729.64	811.26
名 称	单位	单价(元)	消 耗 量						
人工 综合工日	工日	40.00	51.80	65.50	87.00	118.20	147.90	179.80	217.60
材料 板材	m³	1300.00	1.740	1.740	1.740	1.740	1.740	1.740	1.740
脚手杆	m³	932.00	0.830	1.214	1.417	2.003	2.272	2.633	3.012
码钉	kg	4.09	140.000	239.600	295.900	424.200	481.900	569.000	662.400
铁丝 8~22	kg	4.60	107.500	159.600	260.000	326.300	410.400	445.100	526.100
铁钉	kg	6.97	24.200	24.200	24.200	24.200	24.200	24.200	24.200
机械 载重汽车 4t	台班	327.78	1.045	1.295	1.428	1.813	1.989	2.226	2.475

注:1.适用范围:宽3m,每层高2m,顶层铺双车道板,可走双胶轮车。2.如为单车道,人工减少40%;宽5m时,人工增加30%,材料按实计算。3.本等额材料不包括上下斜道。

七、砖砌台阶及水沟

工作内容:铺设垫层、找平、调运砂浆、铺砖或砌砖、抹灰。

定 额 编 号				3-6-44	3-6-45
项 目				砖砌 台阶	砖砌 水沟
				水平投影面积	
单 位				100m²	10m³
基 价 (元)				**12330.30**	**2612.53**
其中	人 工 费 (元)			4447.20	488.40
	材 料 费 (元)			7790.08	2097.53
	机 械 费 (元)			93.02	26.60
名 称		单位	单价(元)	消 耗 量	
人工	人工	工日	40.00	111.18	12.21
材料	水泥石灰砂浆 M2.5	m³	119.16	–	2.280
	水泥砂浆 M5	m³	110.96	4.250	–
	水泥 32.5	t	270.00	1.263	0.488
	中(粗)砂	t	25.16	10.019	3.655
	黏土	m³	20.00	38.280	–
	生石灰	kg	0.15	8115.000	187.000
	标准砖	1000 块	290.00	16.160	5.396
	水	m³	4.00	14.040	2.310
机械	灰浆搅拌机 200L	台班	69.99	1.040	0.380
	夯实机(电动)夯击能力 20~62kg/m	台班	28.49	0.710	–

第七章　排水竖井、隧洞工程

说　　明

一、本章定额包括掘进、支护、成品及半成品制作。

二、工作内容

1. 直接费部分见定额子目。

2. 辅助车间服务费部分：包括从排水竖井或隧洞破土动工（不含三通一平）至全部工程按设计要求竣工验收过程中所有的辅助工作。

辅助车间服务费是指为排水竖井和隧洞工程施工服务的提升、排水、通风、运输、照明、机修、水电、其他等所发生的费用，费用内容包括：

第一类费用：折旧与摊销、经常修理与辅助材料费、安装拆卸、设备运费。

第二类费用：井上人工工资、井下人工工资、电力消耗。

3. 各辅助系统的费用范围：

（1）提升系统：指由排水竖井工作面至井口，提升矸石，运送器材及人员的费用，如提升机、稳车等。

（2）排水系统：指为排出井筒内排水设备（施）所发生的费用，如吊泵等。

（3）通风系统：指为降低井下有害气体浓度，排除粉尘，补充新鲜空气而设置的鼓风机、风筒等所发生的费用。

（4）运输系统：指为运送矸石、材料、器材而设置的井上井下运输设备（施）所发生的费用，如电机车、矿车等。

（5）照明系统：指井筒巷道、井口排矸场及机房等照明设施所发生的费用。

(6)机修系统：指为施工设备设施的中修、日常维护而设置的机修房及人员所发生的费用。

(7)水电系统：指从甲方工地供电点、供水点至工作面之间的电力线路，水管敷设等所发生的费用。

(8)其他系统：指为工程施工服务的，但不属于以上系统辅助工作所发生的费用。如安全检查、施工测量等所发生的费用。

4.各辅助系统的费用组成：

（1）折旧与摊销费：指施工设备（施）等固定资产的基本折旧、大修理折旧和为施工服务的设施、器材的摊销费。

（2）经常修理和辅助材料费：经常修理指施工设备设施中所需的人工工资、材料费和零星配件购置费及日常维修所需的材料费；辅助材料是指设备正常运转和使用时所消耗的润滑、擦洗等材料费。

（3）安装与拆卸费：指施工设备设施和施工用管线的在工程开工前的安装和竣工后的拆除费。

（4）施工设备运输费：指施工设备设施器材从施工企业仓库至施工现场运距在25km以内的运输。

（5）辅助工人工资：指各辅助施工系统所配备的井上、井下辅助工人的工资。

（6）动力费：指各施工设备运转时所消耗的电力。

三、使用说明

1.钢筋混凝土钢筋按设计量套用绑扎定额。现浇混凝土套用混凝土支护并调整定额人工消耗，单层钢筋调1.25系数，配双层以上钢筋调1.43系数。

2.定额中辅助车间服务费以总费用出现，井上人工、井下人工和电耗均按当地价格调整。

3.定额中平巷辅助费按500m计算。当平巷大于500m小于1000m时，辅助费调1.06系数，大于1000m调1.1系数。

4.定额中巷道倾角小于等于5°为平巷。

5. 排水竖井、斜井(下山)是按平均涌水量≤10m³/h编制的,当涌水量>10m³/h时,按表一所列系数调整定额单价,砂浆、混凝土用量按表二系数调整。

表一

涌水量(m³/h)	掘进	支 护		
		砼	喷射砼	网喷砼
≤20	1.13	1.010	1.016	1.007
≤30	1.20	1.025	1.030	1.017
≤50	1.30	1.036	1.039	1.024
≤70	1.44	1.050	1.049	1.033

表二

涌水量(m³/h)	砂浆	混凝土(包括喷射用混凝土)
≤20	1.020	1.010
≤30	1.030	1.015
≤50	1.035	1.020
≤70	1.040	1.025

6. 当斜井倾角>45°时,采用倾角<30°定额,掘进与支护人工乘以1.12系数。

7. 斜井掘进(上山)涌水量是按≤2m³/h编制的,当涌水量>2m³/h时,按表三所列系数调整定额单价,砂浆、混凝土用量按表四系数调整。

表三　　　　　　　　　　　　　斜井、斜巷掘进工程不同涌水量定额消耗量调整系数

项目　　f 涌水量(m³/h)	斜井掘进				斜巷上山掘进				斜巷下山掘进			
	<6	<10	<15	<20	<6	<10	<15	<20	<6	<10	<15	<20
≤6	1.05	1.04	1.03	1.03	1.04	1.03	1.03	1.02	1.04	1.04	1.03	1.03
≤10	1.08	1.07	1.06	1.05	1.06	1.06	1.05	1.04	1.07	1.06	1.06	1.05
≤15	1.10	1.09	1.08	1.06	1.08	1.07	1.06	1.05	1.09	1.08	1.07	1.06
≤20	1.13	1.11	1.09	1.07	1.10	1.09	1.08	1.06	1.11	1.10	1.09	1.07

表四　　　　　　　　　　　　　斜井、斜巷支护工程不同涌水量定额消耗量调整系数

支护部位及类别 涌水量(m³/h)	斜井支护				斜巷支护			
	砼		喷射砼	钢筋网喷射砼	砼		喷射砼	钢筋网喷射砼
	墙	拱			墙	拱		
≤2	1.01	1.01	1.01	1.01	1.01	1.01	1.01	1.01
≤6	1.02	1.02	1.02	1.02	1.02	1.02	1.02	1.02
≤10	1.03	1.04	1.03	1.02	1.03	1.04	1.03	1.02
≤15	1.04	1.05	1.03	1.04	1.04	1.05	1.04	1.03
≤20	1.05	1.06	1.04	1.04	1.05	1.06	1.04	1.04

8.平巷掘进与支护是按施工无滴水制定的,如有间断滴水和不断滴水需按表五系数调整。所谓间断滴水是指巷道顶板在5m之内有1/3的面积滴水成细流状,或1/3以上面积断续滴水到施工人员身上。不断滴水是指巷道顶板在5m之内有1/3的面积滴水成细流状,不断滴水到施工人员身上。

表五

调整类别	掘 进		支 护		
	人工	炸药、雷管	人工	砂浆	砼
滴水状况	调整系数				
间断滴水	1.11	1.05	1.05	1.015	1.01
不断滴水	1.18	1.07	1.1	1.025	1.02

9. 排水竖井掘进深度按大于 6m 考虑,小于 6m 按地坑定额执行。

一、掘进

1. 排水竖井掘进

工作内容:打眼、装药、放炮、装岩及挖水涡等。

单位:100m³

定 额 编 号				3-7-1	3-7-2	3-7-3	3-7-4
项 目				净径<2m			
				岩石硬度(*f*)			
				<6	<10	<15	<20
基 价 (元)				**44476.82**	**50377.84**	**60974.89**	**68782.83**
其 中	人 工 费 (元)			8436.00	10168.80	12722.40	15923.52
	材 料 费 (元)			2598.10	3651.74	6304.54	7369.76
	机 械 费 (元)			7519.85	9377.90	13374.91	14977.81
	辅助车间服务费 (元)			25922.87	27179.40	28573.04	30511.74
名 称		单位	单价(元)	消 耗 量			
人 工	井下人工	工日	48.00	175.75	211.85	265.05	331.74
材 料	乳化炸药2号	kg	7.36	139.451	238.922	321.981	369.151
	非电雷管	个	1.50	162.000	165.750	257.250	308.700
	母线(立井)	m	28.00	31.050	37.800	44.550	51.300

定 额 编 号			3-7-1	3-7-2	3-7-3	3-7-4
项 目			净径<2m			
			岩石硬度(f)			
			<6	<10	<15	<20
材料	合金钻头 φ38	个	30.00	7.400	10.500	53.000	63.600
	中空六角钢	kg	10.00	9.900	11.400	44.000	52.800
	风镐钎	kg	6.30	4.200	-	-	-
	其他材料费	%	-	4.500	4.500	4.500	4.500
	其中风耗	m³	-	(30781.893)	(38275.070)	(45897.130)	(60476.735)
	其中水耗	m³	-	(60.994)	(88.122)	(142.473)	(165.436)
机械	施工机械费	元	1.00	7519.845	9377.897	13374.911	14977.811
辅助费	辅助车间服务费	元	1.00	8419.180	8614.200	8800.400	9420.740
	井上人工	工日	40.00	246.400	261.800	278.600	297.500
	井下人工	工日	48.00	96.600	102.200	109.200	116.200
	电耗	kW·h	0.85	3542.220	3750.120	3984.750	4251.060

定　额　编　号				3-7-5	3-7-6	3-7-7	3-7-8	3-7-9	3-7-10	3-7-11	3-7-12
项　　目				净径＜3m				净径＜3.5m			
				岩石硬度(f)							
				＜6	＜10	＜15	＜20	＜6	＜10	＜15	＜20
基　　　价　（元）				**30396.60**	**35723.59**	**43553.99**	**49232.86**	**26092.20**	**30972.59**	**38002.52**	**43091.06**
其中	人　工　费　（元）			6792.00	8865.12	10584.96	13275.36	5733.60	7497.60	8953.44	11202.72
	材　料　费　（元）			2346.66	3331.77	5137.96	6311.25	2172.91	3129.41	4746.72	5751.88
	机　械　费　（元）			6372.75	7947.37	11334.67	12693.06	5800.24	7343.91	10473.96	11965.17
	辅助车间服务费　（元）			14885.19	15579.33	16496.40	16953.19	12385.45	13001.67	13828.40	14171.29
名　　称		单位	单价（元）	消　　　　　耗　　　　　量							
人工	井下人工	工日	48.00	141.50	184.69	220.52	276.57	119.45	156.20	186.53	233.39
材料	乳化炸药2号	kg	7.36	128.177	219.598	295.939	339.293	121.580	209.231	267.664	298.767
	非电雷管	个	1.50	218.295	230.918	301.455	336.353	210.870	223.493	286.605	305.910
	合金钻头 φ38	个	30.00	7.560	10.800	34.200	48.600	7.560	10.800	34.200	48.600
	母线(立井)	m	28.00	20.700	25.200	29.700	34.200	17.100	21.600	24.930	27.900
	中空六角钢	kg	10.00	8.190	10.710	29.160	45.360	8.190	10.710	29.160	45.360
	风镐钎	kg	6.30	3.780	—	—	—	3.600	—	—	—
	其他材料费	%	—	7.500	7.500	7.500	7.500	7.500	7.500	7.500	7.500
	其中风耗	m³	—	(26086.350)	(32436.500)	(45895.950)	(51251.470)	(23756.590)	(29971.060)	(42409.830)	(48313.430)
	其中水耗	m³	—	(51.690)	(74.860)	(120.740)	(140.200)	(46.410)	(69.200)	(111.540)	(132.120)
机械	施工机械费	元	1.00	6372.750	7947.370	11334.670	12693.060	5800.240	7343.910	10473.960	11965.170
辅助费	辅助车间服务费	元	1.00	4692.524	4781.672	4917.843	4982.500	3862.270	3946.030	4061.139	4115.999
	井上人工	工日	40.00	142.800	151.200	162.400	168.000	119.000	126.700	135.800	140.700
	井下人工	工日	48.00	56.000	59.500	63.700	65.800	46.900	49.700	53.900	55.300
	电耗	kW·h	0.85	2109.020	2227.838	2382.301	2461.513	1778.804	1884.751	2056.542	2085.751

定 额 编 号			3-7-13	3-7-14	3-7-15	3-7-16
项 目			净径<4m			
			岩石硬度(f)			
			<6	<10	<15	<20
基 价 (元)			**22767.54**	**27186.45**	**33565.68**	**38422.06**
其中	人 工 费 (元)		5513.28	7188.96	8468.16	10540.80
	材 料 费 (元)		2029.93	2862.06	4427.27	5249.22
	机 械 费 (元)		5400.21	6739.43	9610.78	11242.65
	辅助车间服务费 (元)		9824.12	10396.00	11059.47	11389.39
名 称	单位	单价(元)	消 耗 量			
人工	井下人工	工日	48.00	114.86	149.77	176.42	219.60
材料	乳化炸药2号	kg	7.36	117.810	189.439	245.045	263.894
	非电雷管	个	1.50	207.900	222.008	278.438	282.893
	合金钻头 φ38	个	30.00	7.560	10.800	34.200	48.600
	母线(立井)	m	28.00	13.500	18.000	20.700	21.600
	中空六角钢	kg	10.00	8.190	10.710	29.160	45.360
	风镐钎	kg	6.30	3.600	–	–	–
	其他材料费	%	–	7.500	7.500	7.500	7.500
	其中风耗	m³	–	(22106.080)	(27504.500)	(38915.400)	(45398.840)
	其中水耗	m³	–	(43.800)	(63.460)	(102.340)	(124.070)
机械	施工机械费	元	1.00	5400.210	6739.430	9610.780	11242.650
辅助费	辅助车间服务费	元	1.00	3032.017	3110.389	3204.435	3249.499
	井上人工	工日	40.00	94.500	101.500	109.200	113.400
	井下人工	工日	48.00	37.100	39.900	43.400	44.800
	电耗	kW·h	0.85	1448.589	1541.664	1651.570	1709.989

2. 平洞洞口表土明槽开挖(大揭盖用)

工作内容:人工挖土并装运。

单位:100m³

定　额　编　号			3-7-17	3-7-18	3-7-19	3-7-20
项　目			平洞洞口			
			普通土	坚土	砂砾土	风化土
基　　价　(元)			**1647.36**	**2370.24**	**3455.04**	**5142.72**
其中	人　工　费　(元)		1647.36	2370.24	3455.04	5142.72
	材　料　费　(元)		-	-	-	-
	机　械　费　(元)		-	-	-	-
	辅助车间服务费　(元)		-	-	-	-
名　　称	单位	单价(元)	消　　　耗　　　量			
人工 井下人工	工日	48.00	34.32	49.38	71.98	107.14

3.斜井井口明槽开挖

工作内容:人工挖土并装运。

单位:100m³

定 额 编 号				3-7-21	3-7-22	3-7-23	3-7-24	3-7-25
项 目				普通土	坚土	砂砾土	风化岩	回填土
基 价 (元)				**2901.12**	**3894.72**	**5802.72**	**8823.36**	**1828.32**
其 中	人 工 费 (元)			2901.12	3894.72	5802.72	8823.36	1828.32
	材 料 费 (元)			-	-	-	-	-
	机 械 费 (元)			-	-	-	-	-
	辅助车间服务费 (元)			-	-	-	-	-
名 称		单位	单价(元)	消	耗		量	
人 工	井下人工	工日	48.00	60.44	81.14	120.89	183.82	38.09

4. 平洞洞口表土暗槽掘进

工作内容：人工挖掘，机械装岩，架设临时木支架。

单位：100m³

定　额　编　号			3-7-26	3-7-27	3-7-28	3-7-29	3-7-30	3-7-31
项　　目			掘进断面＜10m²		掘进断面＜15m²		掘进断面＞15m²	
			坚土	砂砾土	坚土	砂砾土	坚土	砂砾土
基　　　　　价　（元）			**20559.86**	**22756.49**	**17329.29**	**19201.85**	**17289.42**	**18993.97**
其中	人　工　费　（元）		2973.12	3696.00	2852.64	3575.52	2852.64	3451.20
	材　料　费　（元）		–	14.14	–	14.14	–	14.14
	机　械　费　（元）		235.65	827.71	223.87	646.77	212.08	592.69
	辅助车间服务费　（元）		17351.09	18218.64	14252.78	14965.42	14224.70	14935.94
名　　称	单位	单价（元）	消		耗		量	
人工	井下人工	工日	48.00	61.94	77.00	59.43	74.49	59.43	71.90
材料	风镐钎	kg	6.30	–	2.200	–	2.200	–	2.200
	其他材料费	%	–	2.000	2.000	2.000	2.000	2.000	2.000
	其中电耗	kW·h	–	(135.520)	(135.520)	(128.740)	(128.740)	(121.970)	(121.970)
	其中风耗	m³	–	–	(2520.000)	–	(1800.000)	–	(1620.000)
机械	施工机械费	元	1.00	235.650	827.710	223.870	646.770	212.080	592.690
辅助费	辅助车间服务费	元	1.00	3885.000	4079.250	3214.200	3374.910	3267.500	3430.875
	井上人工	工日	40.00	161.333	169.400	133.760	140.448	132.000	138.600
	井下人工	工日	48.00	80.667	84.700	66.880	70.224	66.000	69.300
	电耗	kW·h	0.85	3695.000	3879.750	2915.220	3060.981	2952.000	3099.600

5.斜井井口暗槽掘进

工作内容:人工挖掘,机械装岩,架设临时木支架。

单位:100m³

定　额　编　号			3-7-32	3-7-33	3-7-34	3-7-35	3-7-36	3-7-37
项　　目			掘进断面＜10m²		掘进断面＜15m²		掘进断面＞15m²	
			坚土	砂砾土	坚土	砂砾土	坚土	砂砾土
基　　　价　（元）			**29086.04**	**35891.45**	**24109.57**	**29475.68**	**21572.97**	**26445.88**
其中	人　工　费　（元）		3047.04	4945.92	2958.72	4857.60	2914.56	4813.44
	材　料　费　（元）		26.40	49.50	23.10	46.20	23.10	46.20
	机　械　费　（元）		276.55	929.93	262.66	741.81	248.78	684.36
	辅助车间服务费　（元）		25736.05	29966.10	20865.09	23830.07	18386.53	20901.88
名　　称	单位	单价(元)	消　　　　耗　　　　量					
人工 井下人工	工日	48.00	63.48	103.04	61.64	101.20	60.72	100.28
材料 其他材料费	元	1.00	26.400	49.500	23.100	46.200	23.100	46.200
其中电耗	kW·h	–	(159.030)	(159.030)	(151.050)	(151.050)	(143.080)	(143.080)
其中风耗	m³	–	–	(2781.000)	–	(2039.400)	–	(1854.000)
机械 施工机械费	元	1.00	276.550	929.930	262.660	741.810	248.780	684.360
辅助费 辅助车间服务费	元	1.00	8129.000	9764.000	5941.320	7135.920	5410.000	6498.000
井上人工	工日	40.00	249.000	249.000	200.000	200.000	179.000	179.000
井下人工	工日	48.00	118.000	135.000	95.333	106.667	77.500	86.500
电耗	kW·h	0.85	2333.000	4426.000	2762.100	4204.860	2466.500	3637.500

6. 平洞口、斜井口石方开挖

工作内容：打眼、装药、放炮、装岩等。

单位：100m³

定　额　编　号			3-7-38	3-7-39	3-7-40	3-7-41
项　　目			岩石硬度(*f*)			
			<6	<10	<15	<20
基　　价（元）			**2273.69**	**3447.09**	**5005.15**	**6875.20**
其中	人　工　费（元）		618.24	927.36	1236.48	1545.60
	材　料　费（元）		542.92	703.02	1098.85	1515.19
	机　械　费（元）		1112.53	1816.71	2669.82	3814.41
	辅助车间服务费（元）		—	—	—	—
名　　称	单位	单价（元）	消　　耗　　量			
人工 井下人工	工日	48.00	12.88	19.32	25.76	32.20
材料	乳化炸药2号	kg	7.36	43.560	46.530	61.380	74.250
	非电雷管	个	1.50	60.390	82.170	112.860	135.630
	母线	m	0.67	39.600	47.520	56.430	65.340
	合金钻头 φ38	个	30.00	1.980	4.653	10.890	18.315
	中空六角钢	kg	10.00	0.792	1.683	3.663	6.633
	其他材料费	%	—	7.500	7.500	7.500	7.500
	其中风耗	m³	—	(2992.510)	(6249.730)	(10147.900)	(15686.910)
	其中水耗	m³	—	(7.990)	(17.380)	(28.680)	(44.910)
	其中电耗	kW·h	—	(347.220)	(384.950)	(437.800)	(467.990)
机械 施工机械费	元	1.00	1112.530	1816.710	2669.820	3814.410

7. 平巷掘进

工作内容: 打眼、装药、放炮、装岩等。

单位:100m³

定 额 编 号				3-7-42	3-7-43	3-7-44	3-7-45	3-7-46	3-7-47	3-7-48	3-7-49
项 目				掘进断面 <4m²				掘进断面 <6m²			
				岩石硬度(f)							
				<6	<10	<15	<20	<6	<10	<15	<20
基 价 (元)				**29729.76**	**37111.00**	**47638.01**	**58452.52**	**22493.96**	**28227.82**	**36655.73**	**45345.45**
其中	人 工 费 (元)			5604.00	7471.68	9975.84	10572.00	4729.44	6160.32	7988.64	8584.80
	材 料 费 (元)			3144.91	4110.05	6108.69	9018.90	2577.45	3521.12	5083.25	7404.07
	机 械 费 (元)			2531.70	5657.07	8756.18	14196.26	2549.02	4910.99	8034.45	12474.62
	辅助车间服务费 (元)			18449.15	19872.20	22797.30	24665.36	12638.05	13635.39	15549.39	16881.96
名 称		单位	单价(元)	消		耗			量		
人工	井下人工	工日	48.00	116.75	155.66	207.83	220.25	98.53	128.34	166.43	178.85
材料	乳化炸药2号	kg	7.36	230.571	247.401	339.966	408.128	188.496	211.217	271.805	327.344
	非电雷管	个	1.50	468.270	586.080	761.310	1022.670	381.150	520.740	660.330	839.520
	母线	m	0.67	59.400	71.280	83.160	97.020	39.600	49.500	57.420	66.330
	合金钻头 φ38	个	30.00	10.385	26.859	50.193	91.842	8.801	22.641	43.016	76.992
	中空六角钢	kg	10.00	17.474	26.978	47.688	103.158	14.801	22.740	40.867	86.477
	其他材料费	%	–	7.500	7.500	7.500	7.500	7.500	7.500	7.500	7.500
	其中风耗	m³	–	(12717.070)	(28489.580)	(44118.940)	(71567.250)	(10923.720)	(22620.380)	(38105.520)	(60359.740)
	其中水耗	m³	–	(36.710)	(83.640)	(129.950)	(211.480)	(31.090)	(65.630)	(111.380)	(177.290)
	其中电耗	kW·h	–	–	–	–	–	(203.100)	(225.830)	(254.350)	(269.350)
机械	施工机械费	元	1.00	2531.700	5657.070	8756.180	14196.260	2549.020	4910.990	8034.450	12474.620
辅助费	辅助车间服务费	元	1.00	4711.410	4931.190	5426.190	5719.230	3205.620	3363.030	3662.010	3887.730
	井上人工	工日	40.00	114.000	124.000	144.000	157.000	78.000	85.000	99.000	108.000
	井下人工	工日	48.00	147.000	160.000	186.000	203.000	101.000	110.000	127.000	139.000
	电耗	kW·h	0.85	2496.168	2707.070	3156.598	3437.801	1722.861	1873.364	2154.566	2355.567

单位：100m³

定　额　编　号			3-7-50	3-7-51	3-7-52	3-7-53	3-7-54	3-7-55	3-7-56	3-7-57
项　目			掘进断面＜8m²				掘进断面＜10m²			
			岩石硬度(f)							
			＜6	＜10	＜15	＜20	＜6	＜10	＜15	＜20
基　　价　（元）			**20998.24**	**25930.10**	**34171.32**	**41888.79**	**16924.26**	**21307.99**	**28116.69**	**34478.36**
其中	人　工　费　（元）		4332.00	5604.00	7312.80	7869.12	3934.56	5087.04	6597.60	7034.88
	材　料　费　（元）		2311.36	3058.50	4641.21	6593.34	2148.55	2815.49	4305.40	5976.83
	机　械　费　（元）		2344.67	4257.81	7356.29	11196.04	2217.68	4039.90	6632.84	9935.54
	辅助车间服务费　（元）		12010.21	13009.79	14861.02	16230.29	8623.47	9365.56	10580.85	11531.11
名　　称		单位	单价(元)	消　　　　　耗　　　　　量						
人工	井下人工	工日	48.00	90.25	116.75	152.35	163.94	81.97	105.98	137.45	146.56
材料	乳化炸药2号	kg	7.36	169.983	188.496	250.767	297.891	159.885	169.983	244.877	280.220
	非电雷管	个	1.50	340.560	443.520	602.910	723.690	308.880	411.840	540.540	662.310
	母线	m	0.67	32.670	39.600	45.540	53.460	26.730	32.670	37.620	44.550
	合金钻头 φ38	个	30.00	7.821	19.127	38.907	68.379	7.277	18.206	34.601	60.004
	中空六角钢	kg	10.00	13.167	19.216	36.967	76.814	12.236	18.216	32.868	67.399
	其他材料费	%	－	7.500	7.500	7.500	7.500	7.500	7.500	7.500	7.500
	其中风耗	m³	－	(9898.650)	(19332.940)	(34692.540)	(53908.590)	(9278.560)	(18520.070)	(31054.420)	(47561.760)
	其中水耗	m³	－	(27.670)	(55.430)	(100.740)	(157.470)	(25.700)	(52.760)	(89.590)	(138.180)
	其中电耗	kW·h	－	(200.200)	(222.440)	(250.480)	(265.480)	(197.300)	(219.540)	(247.100)	(261.610)
机械	施工机械费	元	1.00	2344.670	4257.810	7356.290	11196.040	2217.680	4039.900	6632.840	9935.540
辅助费	辅助车间服务费	元	1.00	5508.204	5906.245	6677.572	7222.154	2253.581	2371.409	2596.173	2764.499
	井上人工	工日	40.00	56.950	62.050	71.400	79.050	48.450	53.550	60.350	66.300
	井下人工	工日	48.00	62.050	68.000	78.200	85.850	62.050	68.000	78.200	85.850
	电耗	kW·h	0.85	1465.422	1597.112	1851.581	2029.808	1709.989	1868.413	2137.734	2345.665

定　额　编　号			3-7-58	3-7-59	3-7-60	3-7-61	3-7-62	3-7-63	3-7-64	3-7-65
项　　目			掘进断面＜12m²				掘进断面＜15m²			
			岩石硬度(f)							
			＜6	＜10	＜15	＜20	＜6	＜10	＜15	＜20
基　　　价　　（元）			**15518.59**	**19337.26**	**25431.22**	**31782.36**	**32571.38**	**18387.72**	**23660.28**	**29467.05**
其中	人　工　费　（元）		3974.40	4928.16	6359.04	6915.36	4411.68	5325.60	6836.16	7312.80
	材　料　费　（元）		1947.51	2596.88	3883.89	5572.36	1717.11	2313.89	3445.96	5202.82
	机　械　费　（元）		2207.69	3888.32	6155.15	9456.25	20007.28	3787.42	5537.47	8330.58
	辅助车间服务费（元）		7388.99	7923.90	9033.14	9838.39	6435.31	6960.81	7840.69	8620.85
名　称	单位	单价(元)	消		耗			量		
人工 井下人工	工日	48.00	82.80	102.67	132.48	144.07	91.91	110.95	142.42	152.35
材料	乳化炸药2号	kg	7.36	141.372	156.519	221.315	263.390	124.542	137.165	194.387	268.290
	非电雷管	个	1.50	292.050	387.090	489.060	606.870	261.360	354.420	450.450	564.300
	母线	m	0.67	21.780	26.730	30.690	35.640	17.820	20.790	23.760	27.720
	合金钻头 φ38	个	30.00	6.801	16.612	31.136	56.044	5.910	14.919	27.423	48.510
	中空六角钢	kg	10.00	11.444	16.682	29.581	62.954	9.940	14.979	26.057	54.490
	其他材料费	%	–	7.500	7.500	7.500	7.500	7.500	7.500	7.500	7.500
	其中风耗	m³	–	(8755.230)	(16966.280)	(28064.080)	(44522.500)	(7747.060)	(15406.010)	(24940.650)	(38836.380)
	其中水耗	m³	–	(24.050)	(48.120)	(80.610)	(129.080)	(20.890)	(43.200)	(70.980)	(111.720)
机械	施工机械费	元	1.00	2207.690	3888.320	6155.150	9456.250	20007.280	3579.950	5537.470	8330.580
	其中电耗	kW·h	0.85	(220.760)	(245.170)	(275.550)	(292.360)	(219.680)	244.080	(274.460)	(290.730)
辅助费	辅助车间服务费	元	1.00	1901.088	1994.162	2182.291	2339.724	1726.822	1818.906	1963.467	2105.059
	井上人工	工日	40.00	41.650	45.050	51.850	56.950	35.700	39.100	44.200	49.300
	井下人工	工日	48.00	53.550	57.800	67.150	73.100	45.900	50.150	57.800	63.750
	电耗	kW·h	0.85	1472.353	1592.161	1827.817	2013.965	1267.392	1377.299	1570.378	1745.634

定 额 编 号			3-7-66	3-7-67	3-7-68	3-7-69
项 目			掘进断面<20m²			
			岩石硬度(f)			
			<6	<10	<15	<20
基 价 （元）			**13473.34**	**16963.01**	**22435.54**	**27596.37**
其中	人 工 费 （元）		4451.52	5405.28	7034.88	7591.20
	材 料 费 （元）		1572.80	2104.78	3224.26	4552.63
	机 械 费 （元）		1862.45	3460.19	5356.09	8007.32
	辅助车间服务费 （元）		5586.57	5992.76	6820.31	7445.22
名 称	单位	单价（元）	消 耗 量			
人工	井下人工	工日	48.00	92.74	112.61	146.56	158.15
材料	乳化炸药2号	kg	7.36	113.603	122.018	175.874	207.009
	非电雷管	个	1.50	244.530	318.780	436.590	524.700
	母线	m	0.67	13.860	16.830	19.800	22.770
	合金钻头 φ38	个	30.00	5.356	14.246	26.235	46.302
	中空六角钢	kg	10.00	9.019	14.306	24.968	52.005
	其他材料费	%	–	7.500	7.500	7.500	7.500
	其中风耗	m³	–	(7046.050)	(14815.410)	(24030.310)	(37207.760)
	其中水耗	m³	–	(18.940)	(41.280)	(68.060)	(106.620)
	其中电耗	kW·h	–	(217.500)	(241.920)	(272.830)	(289.110)
机械	施工机械费	元	1.00	1862.450	3460.190	5356.090	8007.320
辅助费	辅助车间服务费	元	1.00	1462.452	1532.752	1673.354	1772.369
	井上人工	工日	40.00	31.450	34.000	39.100	43.350
	井下人工	工日	48.00	39.950	43.350	50.150	55.250
	电耗	kW·h	0.85	1115.899	1199.072	1383.240	1513.939

8. 斜井上山掘进
(1)斜井上山掘进($\alpha < 18°$)

工作内容:打眼、装药、放炮、装岩等。

单位:100m³

定 额 编 号			3-7-70	3-7-71	3-7-72	3-7-73	3-7-74	3-7-75	3-7-76	3-7-77
项 目			掘进断面 $< 4m^2$				掘进断面 $< 6m^2$			
			岩石硬度(f)							
			< 6	< 10	< 15	< 20	< 6	< 10	< 15	< 20
基 价 (元)			**32741.08**	**40688.06**	**51028.73**	**62621.74**	**25397.68**	**35651.48**	**40999.78**	**50118.20**
其中	人 工 费 (元)		7301.76	9641.28	12223.20	12787.68	6050.88	7664.64	9883.20	10448.16
	材 料 费 (元)		3144.91	4110.05	6108.69	9018.90	2576.19	3521.12	5083.25	7404.07
	机 械 费 (元)		3794.08	6870.11	10736.96	16844.63	3841.62	6514.24	9996.26	15010.12
	辅助车间服务费 (元)		18500.33	20066.62	21959.88	23970.53	12928.99	17951.48	16037.07	17255.85
名 称	单位	单价(元)	消		耗			量		
人工 井下人工	工日	48.00	152.12	200.86	254.65	266.41	126.06	159.68	205.90	217.67
材料 乳化炸药2号	kg	7.36	230.571	247.401	339.966	408.128	188.496	211.217	271.805	327.344
非电雷管	个	1.50	468.270	586.080	761.310	1022.670	381.150	520.740	660.330	839.520
料 母线	m	0.67	59.400	71.280	83.160	97.020	39.600	49.500	57.420	66.330

定 额 编 号				3-7-70	3-7-71	3-7-72	3-7-73	3-7-74	3-7-75	3-7-76	3-7-77
项 目				掘进断面 <4m²				掘进断面 <6m²			
				岩石硬度(f)							
				<6	<10	<15	<20	<6	<10	<15	<20
材料	合金钻头 φ38	个	30.00	10.385	26.859	50.193	91.842	8.762	22.641	43.016	76.992
	中空六角钢	kg	10.00	17.474	26.978	47.688	103.158	14.801	22.740	40.867	86.477
	其他材料费	%	–	7.500	7.500	7.500	7.500	7.500	7.500	7.500	7.500
	其中风耗	m³	–	(13595.130)	(28368.870)	(47085.670)	(77586.080)	(11656.890)	(24165.240)	(40653.680)	(65427.270)
	其中水耗	m³	–	(39.340)	(83.300)	(138.820)	(229.460)	(33.290)	(70.250)	(119.000)	(192.440)
	其中电耗	kW·h	–	(506.110)	(562.390)	(618.670)	(618.670)	(742.250)	(824.480)	(913.450)	(941.200)
机械	施工机械费	元	1.00	3794.080	6870.110	10736.960	16844.630	3841.620	6514.240	9996.260	15010.120
辅助费	辅助车间服务费	元	1.00	4811.400	5043.060	5316.300	5614.290	3327.390	3491.730	3772.890	3949.110
	井上人工	工日	40.00	105.600	116.000	128.800	141.600	74.400	81.600	95.200	103.200
	井下人工	工日	48.00	156.800	172.000	190.400	210.400	109.600	202.400	140.000	152.000
	电耗	kW·h	0.85	2280.625	2503.006	2767.511	3050.630	1605.646	1741.818	2042.570	2214.989

定　额　编　号			3-7-78	3-7-79	3-7-80	3-7-81	3-7-82	3-7-83	3-7-84	3-7-85
项　　　目			掘进断面 <8m²				掘进断面 <10m²			
			岩石硬度(f)							
			<6	<10	<15	<20	<6	<10	<15	<20
基　　　价　　（元）			**22915.79**	**28174.23**	**36987.42**	**45052.88**	**20273.33**	**25037.25**	**32382.76**	**39355.62**
其中	人　工　费　（元）		5607.36	7019.04	8995.68	9721.92	5123.04	6333.60	8108.64	8713.44
	材　料　费　（元）		2311.36	3058.50	4641.21	6529.49	2148.55	2816.24	4145.61	5850.33
	机　械　费　（元）		3598.25	5791.38	9235.88	13577.24	3451.94	5542.54	8444.37	12186.31
	辅助车间服务费（元）		11398.82	12305.31	14114.65	15224.23	9549.80	10344.87	11684.14	12605.54
名　　　称	单位	单价(元)	消			耗			量	
人工 井下人工	工日	48.00	116.82	146.23	187.41	202.54	106.73	131.95	168.93	181.53
材料 乳化炸药2号	kg	7.36	169.983	188.496	250.767	297.891	159.885	169.983	224.681	264.231
非电雷管	个	1.50	340.560	443.520	602.910	723.690	308.880	411.840	540.540	662.310
母线	m	0.67	32.670	39.600	45.540	53.460	26.730	32.670	37.620	44.550
合金钻头 φ38	个	30.00	7.821	19.127	38.907	66.399	7.277	18.206	34.601	60.004
中空六角钢	kg	10.00	13.167	19.216	36.967	76.814	12.236	18.285	32.868	67.399
其他材料费	%	–	7.500	7.500	7.500	7.500	7.500	7.500	7.500	7.500
其中风耗	m³	–	(10546.260)	(20661.810)	(36968.340)	(58379.460)	(722.240)	(777.340)	(888.510)	(915.790)
其中电耗	kW·h	–	(29.630)	(59.410)	(107.560)	(170.850)	(9884.520)	(19761.210)	(33108.230)	(51521.390)
其中水耗	m³	–	(729.830)	(811.620)	(899.640)	(926.920)	(27.530)	(56.490)	(95.750)	(150.030)
机械 施工机械费	元	1.00	3598.250	5791.380	9235.880	13577.240	3451.940	5542.540	8444.370	12186.310
辅助费 辅助车间服务费	元	1.00	2691.810	2813.580	3055.140	3212.550	2297.790	2397.780	2592.810	2723.490
井上人工	工日	40.00	61.600	67.200	78.400	85.600	53.600	58.400	66.400	72.800
井下人工	工日	48.00	106.400	116.000	135.200	146.400	78.400	86.400	99.200	107.200
电耗	kW·h	0.85	1336.243	1453.801	1686.957	1835.864	1582.135	1722.225	1969.097	2146.413

定 额 编 号			3-7-86	3-7-87	3-7-88	3-7-89	3-7-90	3-7-91	3-7-92	3-7-93
项 目			掘进断面＜12m²				掘进断面＜15m²			
			岩石硬度（f）							
			＜6	＜10	＜15	＜20	＜6	＜10	＜15	＜20
基 价 （元）			**18419.46**	**23221.12**	**29401.82**	**36345.79**	**17067.84**	**20945.05**	**26874.53**	**33123.97**
其中	人 工 费 （元）		5002.08	6535.20	7825.92	8511.84	5446.08	6414.24	8108.64	8874.72
	材 料 费 （元）		1947.51	2596.88	3737.41	5452.52	1717.11	2313.89	3425.88	4784.55
	机 械 费 （元）		3446.14	5379.18	7941.12	11658.01	3112.54	4915.71	7123.76	10272.45
	辅助车间服务费 （元）		8023.73	8709.86	9897.37	10723.42	6792.11	7301.21	8216.25	9192.25
名 称	单位	单价（元）	消		耗		量			
人工 井下人工	工日	48.00	104.21	136.15	163.04	177.33	113.46	133.63	168.93	184.89
材料 乳化炸药2号	kg	7.36	141.372	156.519	202.802	248.243	124.542	137.165	178.398	215.424
非电雷管	个	1.50	292.050	387.090	489.060	606.870	261.360	354.420	450.450	564.300
母线	m	0.67	21.780	26.730	30.690	35.640	17.820	20.790	23.760	27.720
合金钻头 φ38	个	30.00	6.801	16.612	31.136	56.044	5.910	14.919	27.423	48.510
中空六角钢	kg	10.00	11.444	16.682	29.581	62.954	9.940	14.979	35.957	54.490
其他材料费	%	—	7.500	7.500	7.500	7.500	7.500	7.500	7.500	7.500
其中风耗	m³	—	(746.810)	(830.040)	(924.970)	(950.200)	(8243.870)	(16429.340)	(26567.320)	(42020.960)
其中水耗	m³	—	(9328.140)	(18098.480)	(29879.600)	(48157.840)	(22.400)	(46.280)	(75.880)	(121.270)
其中电耗	kW·h	—	(25.780)	(51.530)	(86.050)	(139.970)	(715.590)	(794.720)	(880.960)	(907.310)
机械 施工机械费	元	1.00	3446.140	5379.180	7941.120	11658.010	3112.540	4915.710	7123.760	10272.450
辅助费 辅助车间服务费	元	1.00	1908.720	1989.900	2166.120	2282.940	1556.280	1629.540	1753.290	1896.840
井上人工	工日	40.00	44.800	49.600	56.800	61.600	38.400	41.600	47.200	53.600
井下人工	工日	48.00	66.400	72.800	84.000	92.000	56.800	61.600	70.400	79.200
电耗	kW·h	0.85	1336.243	1460.658	1679.120	1835.864	1145.211	1236.318	1406.777	1588.013

定 额 编 号			3-7-94	3-7-95	3-7-96	3-7-97
项 目			掘进断面 >15m²			
			岩石硬度(f)			
			<6	<10	<15	<20
基 价 (元)			**15888.76**	**19718.92**	**25838.48**	**31372.25**
其 中	人 工 费 (元)		5405.76	6494.88	8471.52	9076.80
	材 料 费 (元)		1572.80	2104.78	3112.69	4459.42
	机 械 费 (元)		2966.57	4773.27	6912.29	9899.77
	辅助车间服务费 (元)		5943.63	6345.99	7341.98	7936.26
名 称	单位	单价(元)	消 耗 量			
人工 井下人工	工日	48.00	112.62	135.31	176.49	189.10
材 料	乳化炸药2号	kg	7.36	113.603	122.018	161.568	195.228
	非电雷管	个	1.50	244.530	318.780	436.590	524.700
	母线	m	0.67	13.860	16.830	19.800	22.770
	合金钻头 φ38	个	30.00	5.356	14.246	26.285	46.302
	中空六角钢	kg	10.00	9.019	14.306	24.968	52.005
	其他材料费	%	–	7.500	7.500	7.500	7.500
	其中风耗	m³	–	(7572.150)	(15777.570)	(25579.860)	(40226.520)
	其中水耗	m³	–	(20.300)	(44.190)	(72.720)	(115.680)
	其中电耗	kW·h	–	(709.380)	(788.070)	(872.990)	(899.310)
机械 施工机械费	元	1.00	2966.570	4773.270	6912.290	9899.770
辅 助 费	辅助车间服务费	元	1.00	1331.550	1381.050	1531.530	1608.750
	井上人工	工日	40.00	34.400	36.800	42.400	46.400
	井下人工	工日	48.00	50.400	53.600	63.200	68.800
	电耗	kW·h	0.85	961.037	1082.513	1271.586	1375.429

（2）斜井上山掘进（α<30°）

工作内容：打眼、装药、放炮、装岩等。

单位：100m³

定 额 编 号			3-7-98	3-7-99	3-7-100	3-7-101	3-7-102	3-7-103	3-7-104	3-7-105
项 目			掘进断面<4m²				掘进断面<6m²			
			岩石硬度(f)							
			<6	<10	<15	<20	<6	<10	<15	<20
基 价 （元）			37672.98	46500.62	58547.95	71713.66	29280.92	36115.96	46217.80	54902.42
其中	人 工 费 （元）		8310.24	10932.00	13796.16	15127.68	6938.40	8794.08	11214.72	12021.60
	材 料 费 （元）		3144.91	4110.05	6747.24	9018.90	2577.45	3521.12	5083.25	7404.07
	机 械 费 （元）		4992.55	8597.32	13100.38	20110.01	4965.25	8098.02	12153.59	17896.49
	辅助车间服务费 （元）		21225.28	22861.25	24904.17	27457.07	14799.82	15702.74	17766.24	17580.26
名 称	单位	单价(元)	消 耗 量							
人工 井下人工	工日	48.00	173.13	227.75	287.42	315.16	144.55	183.21	233.64	250.45
材料 乳化炸药2号	kg	7.36	230.571	247.401	339.966	408.128	188.496	211.217	271.805	327.344
非电雷管	个	1.50	468.270	586.080	761.310	1022.670	381.150	520.740	660.330	839.520
母线	m	0.67	59.400	71.280	83.160	97.020	39.600	49.500	57.420	66.330

续前

定 额 编 号				3-7-98	3-7-99	3-7-100	3-7-101	3-7-102	3-7-103	3-7-104	3-7-105
项 目				掘进断面＜4m²				掘进断面＜6m²			
				岩石硬度(f)							
				＜6	＜10	＜15	＜20	＜6	＜10	＜15	＜20
材 料	合金钻头 φ38	个	30.00	10.385	26.859	69.993	91.842	8.801	22.641	43.016	76.992
	中空六角钢	kg	10.00	17.474	26.978	47.688	103.158	14.801	22.740	40.867	86.477
	其他材料费	%	–	7.500	7.500	7.500	7.500	7.500	7.500	7.500	7.500
	其中风耗	m³	–	(15546.190)	(32511.270)	(53976.850)	(88984.880)	(13300.030)	(27654.090)	(46564.530)	(74980.740)
	其中水耗	m³	–	(45.170)	(95.660)	(159.380)	(263.470)	(38.230)	(80.660)	(136.640)	(220.940)
	其中电耗	kW·h	–	(1206.470)	(1340.930)	(1472.630)	(1472.630)	(1432.050)	(1592.390)	(1758.070)	(1785.830)
机械	施工机械费	元	1.00	4992.550	8597.320	13100.380	20110.010	4965.250	8098.020	12153.590	17896.490
辅 助 费	辅助车间服务费	元	1.00	5757.722	6011.201	6294.384	6675.591	4015.058	4096.251	4397.256	4603.207
	井上人工	工日	40.00	124.000	132.800	146.400	164.000	84.800	91.200	105.600	115.200
	井下人工	工日	48.00	178.400	196.000	216.800	241.600	125.600	135.200	155.200	170.400
	电耗	kW·h	0.85	2287.483	2505.945	2761.633	3087.857	1604.667	1728.103	1994.567	223.360

单位:100m³

定额编号			3-7-106	3-7-107	3-7-108	3-7-109	3-7-110	3-7-111	3-7-112	3-7-113
			掘进断面<8m²				掘进断面<10m²			
项 目			岩石硬度(f)							
			<6	<10	<15	<20	<6	<10	<15	<20
基 价 (元)			**26342.41**	**31477.89**	**40984.35**	**50131.96**	**23100.78**	**28676.39**	**37278.87**	**44740.52**
其中	人 工 费 (元)		7081.92	8067.84	10125.60	11012.64	5768.64	7301.76	9399.36	9963.84
	材 料 费 (元)		2311.36	3058.50	4641.21	6593.34	2148.55	2816.24	4145.61	5850.33
	机 械 费 (元)		4678.39	7255.00	11262.49	16234.00	4286.20	7016.48	10343.54	14624.04
	辅助车间服务费 (元)		12270.74	13096.55	14955.05	16291.98	10897.39	11541.91	13390.36	14302.31
名 称	单位	单价(元)	消 耗 量							
人工 井下人工	工日	48.00	147.54	168.08	210.95	229.43	120.18	152.12	195.82	207.58
材料 乳化炸药2号	kg	7.36	169.983	188.496	250.767	297.891	159.885	169.983	224.681	264.231
非电雷管	个	1.50	340.560	443.520	602.910	723.690	308.880	411.840	540.540	662.310
母线	m	0.67	32.670	39.600	45.540	53.460	26.730	32.670	37.620	44.550
合金钻头 φ38	个	30.00	7.821	19.127	38.907	68.379	7.277	18.206	34.601	60.004
中空六角钢	kg	10.00	13.167	19.216	36.967	76.814	12.236	18.285	32.868	67.399
其他材料费	%		7.500	7.500	7.500	7.500	7.500	7.500	7.500	7.500
其中风耗	m³	—	(12016.770)	(23612.430)	(42302.520)	(66866.090)	(11199.110)	(22567.660)	(37865.740)	(58970.020)
其中水耗	m³	—	(34.010)	(68.220)	(123.480)	(196.170)	(31.630)	(64.870)	(109.940)	(172.250)
其中电耗	kW·h	—	(1410.730)	(1568.300)	(1731.180)	(1758.460)	(1264.160)	(1548.370)	(1709.860)	(1737.130)
机械 施工机械费	元	1.00	4678.390	7255.000	11262.490	16234.000	4286.200	7016.480	10343.540	14624.040
辅助费 辅助车间服务费	元	1.00	3245.712	3365.520	3675.437	3825.940	2742.716	2797.174	3087.288	3222.938
井上人工	工日	40.00	71.200	76.000	89.600	98.400	61.600	66.400	77.600	83.200
井下人工	工日	48.00	104.800	113.600	130.400	144.800	90.400	97.600	114.400	123.200
电耗	kW·h	0.85	1348.978	1456.740	1689.896	1858.396	1589.972	1651.690	2009.262	2162.088

定　额　编　号			3-7-114	3-7-115	3-7-116	3-7-117	3-7-118	3-7-119	3-7-120	3-7-121
项　目			掘进断面<12m²				掘进断面<15m²			
			岩石硬度(f)							
			<6	<10	<15	<20	<6	<10	<15	<20
基　　　价　（元）			**20172.39**	**25157.17**	**32561.33**	**38911.10**	**18733.32**	**23390.34**	**29889.81**	**36751.25**
其中	人　工　费　（元）		5728.32	7059.36	9197.76	9681.60	6171.84	7422.72	9399.36	10206.24
	材　料　费　（元）		1947.51	2596.88	3737.41	5452.52	1557.47	2313.89	3319.45	4784.55
	机　械　费　（元）		4472.54	6729.38	9728.46	13053.21	4211.66	6352.27	8954.48	12567.92
	辅助车间服务费　（元）		8024.02	8771.55	9897.70	10723.77	6792.35	7301.46	8216.52	9192.54
名　　称		单位	单价（元）	消			耗		量	
人工	井下人工	工日	48.00	119.34	147.07	191.62	201.70	128.58	154.64	195.82	212.63
材料	乳化炸药2号	kg	7.36	141.372	156.519	202.802	248.243	124.542	137.165	178.398	215.424
	非电雷管	个	1.50	292.050	387.090	489.060	606.870	162.360	354.420	450.450	564.300
	母线	m	0.67	21.780	26.730	30.690	35.640	17.820	20.790	23.760	27.720
	合金钻头 φ38	个	30.00	6.801	16.612	31.136	56.044	5.910	14.919	27.423	48.510
	中空六角钢	kg	10.00	11.444	16.682	29.581	62.954	9.940	14.979	26.057	54.490
	其他材料费	%	–	7.500	7.500	7.500	7.500	7.500	7.500	7.500	7.500
	其中风耗	m³	–	(10606.430)	(20558.930)	(34156.550)	(50426.070)	(1408.570)	(1565.580)	(1729.170)	(1758.700)
	其中水耗	m³	–	(29.600)	(58.870)	(98.810)	(146.730)	(9349.140)	(18726.410)	(30334.880)	(48047.140)
	其中电耗	kW·h	–	(1415.170)	(1573.630)	(1736.700)	(1766.760)	(25.690)	(53.140)	(87.120)	(139.250)
机械	施工机械费	元	1.00	4472.540	6729.380	9728.460	13053.210	4211.660	6352.270	8954.480	12567.920
辅助费	辅助车间服务费	元	1.00	1909.009	2051.591	2166.448	2283.286	1556.516	1629.787	1753.556	1897.127
	井上人工	工日	40.00	44.800	49.600	56.800	61.600	38.400	41.600	47.200	53.600
	井下人工	工日	48.00	66.400	72.800	84.000	92.000	56.800	61.600	70.400	79.200
	电耗	kW·h	0.85	1336.243	1460.658	1679.120	1835.864	1145.211	1236.318	1406.777	1588.013

单位:100m³

定 额 编 号			3-7-122	3-7-123	3-7-124	3-7-125
项 目			掘进断面＞15m²			
			岩石硬度(f)			
			＜6	＜10	＜15	＜20
基 价 （元）			17778.44	22058.97	28842.29	34977.06
其中	人 工 费 （元）		6171.84	7422.72	9681.60	10448.16
	材 料 费 （元）		1572.80	2104.78	3112.69	4459.42
	机 械 费 （元）		4041.67	6185.27	8705.79	12132.97
	辅助车间服务费 （元）		5992.13	6346.20	7342.21	7936.51
名 称	单位	单价（元）	消 耗 量			
人工 井下人工	工日	48.00	128.58	154.64	201.70	217.67
材料 乳化炸药2号	kg	7.36	113.603	122.018	161.568	195.228
非电雷管	个	1.50	244.530	318.780	436.590	524.700
母线	m	0.67	13.860	16.830	19.800	22.770
合金钻头φ38	个	30.00	5.356	14.246	26.285	46.302
中空六角钢	kg	10.00	9.019	14.306	24.968	52.005
其他材料费	%	–	7.500	7.500	7.500	7.500
其中风耗	m³	–	(1398.130)	(1554.220)	(1715.430)	(1744.960)
其中水耗	m³	–	(8581.320)	(17978.520)	(29193.650)	(45973.980)
其中电耗	kW·h	–	(23.310)	(50.760)	(83.500)	(132.830)
机械 施工机械费	元	1.00	4041.670	6185.270	8705.790	12132.970
辅助费 辅助车间服务费	元	1.00	1331.752	1381.259	1531.762	1608.994
井上人工	工日	40.00	34.400	36.800	42.400	46.400
井下人工	工日	48.00	50.400	53.600	63.200	68.800
电耗	kW·h	0.85	1017.856	1082.513	1271.586	1375.429

9. 局部片冒出毛石

工作内容: 安全处理(撬邦、撬顶)出毛石。

单位:100m³

定 额 编 号				3-7-126	3-7-127	3-7-128	3-7-129
项 目				竖井	平巷	斜巷上山	斜巷下山
基 价 (元)				**5336.26**	**3457.83**	**6645.14**	**8090.05**
其中	人 工 费 (元)			3168.00	2784.00	3936.00	4176.00
	材 料 费 (元)			–	–	–	–
	机 械 费 (元)			2168.26	673.83	2709.14	3914.05
	辅助车间服务费 (元)			–	–	–	–
名 称		单位	单价(元)	消 耗 量			
人工	井下人工	工日	48.00	66.00	58.00	82.00	87.00
材料	其中风耗	m³	–	(10275.480)	–	–	–
	其中电耗	kW·h	–	–	(472.940)	(1441.950)	(2074.360)
机械	施工机械费	元	1.00	2168.260	673.830	2709.140	3914.050

注: 本项定额只适用于平均厚度≤0.8mm,一处冒落体积≤20m³ 的局部片冒处出毛石。

10. 沟槽掘进

（1）平洞、平巷沟槽掘进

工作内容：打眼、装药、放炮、装岩等。

单位：100m³

定　额　编　号			3-7-130	3-7-131	3-7-132	3-7-133	3-7-134	3-7-135
项　　目			掘进断面<0.4m²			掘进断面>0.4m²		
			岩石硬度（f）					
			<6	<10	>10	<6	<10	>10
基　　　价　（元）			14509.36	18848.71	27912.84	13346.99	17499.22	24777.69
其中	人　工　费　（元）		10598.40	13159.68	17266.56	9847.68	12276.48	15500.16
	材　料　费　（元）		2567.52	3359.47	4693.43	2180.78	2906.63	4106.03
	机　械　费　（元）		1343.44	2329.56	5952.85	1318.53	2316.11	5171.50
	辅助车间服务费　（元）		–	–	–	–	–	–
名　　称	单位	单价（元）	消　　　　耗　　　　量					
人工 井下人工	工日	48.00	220.80	274.16	359.72	205.16	255.76	322.92
材料 乳化炸药2号	kg	7.36	185.130	243.540	306.900	154.440	205.920	278.190
非电雷管	个	1.50	527.670	608.850	792.000	441.540	514.800	617.760
母线	m	0.67	11.880	13.860	13.860	11.880	13.860	13.860
中空六角钢	kg	10.00	4.851	8.247	21.760	4.762	8.098	19.998
合金钻头 φ38	个	30.00	4.910	10.920	23.077	4.802	10.860	21.206
风镐钎	kg	6.30	4.851	–	–	4.762	–	–
其他材料费	%	–	7.500	7.500	7.500	7.500	7.500	7.500
其中风耗	m³	–	(6151.800)	(10845.570)	(26198.020)	(6036.720)	(10782.500)	(24125.620)
机械 施工机械费	元	1.00	1343.440	2329.560	5613.890	1318.530	2316.110	5171.500
其中水耗	m³	4.00	(18.010)	(34.560)	84.740	(17.650)	(34.350)	(77.870)

（2）斜井、斜巷沟槽掘进

工作内容: 打眼、装药、放炮、装岩等。

单位:100m³

定　额　编　号				3-7-136	3-7-137	3-7-138	3-7-139	3-7-140	3-7-141
项　　目				掘进断面<0.4m²			掘进断面>0.4m²		
				岩石硬度(f)					
				<6	<10	>10	<6	<10	>10
基　　价　（元）				**16187.44**	**20968.39**	**30694.92**	**14936.75**	**19442.26**	**27559.77**
其中	人　工　费　（元）			12276.48	15279.36	20048.64	11437.44	14219.52	18282.24
	材　料　费　（元）			2567.52	3359.47	4693.43	2180.78	2906.63	4106.03
	机　械　费　（元）			1343.44	2329.56	5952.85	1318.53	2316.11	5171.50
	辅助车间服务费（元）			—	—	—	—	—	—
名　称		单位	单价（元）	消　　　　耗　　　　量					
人工	井下人工	工日	48.00	255.76	318.32	417.68	238.28	296.24	380.88
材料	乳化炸药2号	kg	7.36	185.130	243.540	306.900	154.440	205.920	278.190
	非电雷管	个	1.50	527.670	608.850	792.000	441.540	514.800	617.760
	母线	m	0.67	11.880	13.860	13.860	11.880	13.860	13.860
	中空六角钢	kg	10.00	4.851	8.247	21.760	4.762	8.098	19.998
	合金钻头 φ38	个	30.00	4.910	10.920	23.077	4.802	10.860	21.206
	风镐钎	kg	6.30	4.851	—	—	4.762	—	—
	其他材料费	%	—	7.500	7.500	7.500	7.500	7.500	7.500
	其中风耗	m³	—	(6151.800)	(10845.570)	(26198.020)	(6036.720)	(10782.500)	(24125.620)
机械	施工机械费	元	1.00	1343.440	2329.560	5613.890	1318.530	2316.110	5171.500
	其中水耗	m³	4.00	(18.010)	(34.560)	84.740	(17.650)	(34.350)	(77.870)

二、支护

1. 排水竖井井筒混凝土砌壁

工作内容:清除浮石,立、拆模板,浇捣、养护混凝土等。　　　　　　　　　　　　　　　　　　　　　　单位:100m³

定　额　编　号					3-7-142	3-7-143	3-7-144
项　　目					混凝土		
					支护厚度(mm)		
					<300	<400	<500
基　　价　(元)					**64571.43**	**56633.88**	**50958.15**
其 中	人　工　费　(元)				12453.12	11234.40	9803.52
	材　料　费　(元)				26566.85	24609.62	23379.52
	机　械　费　(元)				127.07	124.10	121.13
	辅助车间服务费　(元)				25424.39	20665.76	17653.98
名　　　称		单位	单价(元)		消　　耗　　量		
人工	井下人工	工日	48.00		259.44	234.05	204.24
材料	现浇混凝土 C20-40(碎石)	m³	158.94		134.000	128.000	124.000
	氯化钙	kg	1.86		632.000	604.000	585.000

续前

定　额　编　号				3-7-142	3-7-143	3-7-144
项　　目				混凝土		
				支护厚度(mm)		
				<300	<400	<500
材料	竖井钢模板	kg	6.20	352.000	259.000	205.000
	带帽螺栓	kg	6.40	14.000	11.000	9.000
	楔子	m³	1508.51	0.330	0.240	0.190
	竖井顶柱	m³	1324.69	0.510	0.380	0.300
	其他材料费	%	–	2.500	2.500	2.500
	其中电耗	kW·h	–	(65.610)	(64.080)	(62.550)
机械	施工机械费	元	1.00	127.070	124.100	121.130
辅助费	辅助车间服务费	元	1.00	7809.770	6346.173	5421.383
	井上人工	工日	40.00	247.100	200.200	171.500
	井下人工	工日	48.00	96.600	79.100	67.200
	电耗	kW·h	0.85	3639.791	2958.568	2525.873

2. 平洞、平巷混凝土支护（木模）

工作内容：清除浮石，立、拆模板及碹胎、浇捣、养护混凝土等。

单位：100m³

定 额 编 号			3-7-145	3-7-146	3-7-147	3-7-148	3-7-149	3-7-150	3-7-151	3-7-152	3-7-153
项 目			墙			拱				底拱	
			支护厚度（mm）								
			<300	<400	>400	<200	<300	<400	>400	<400	>400
基 价 （元）			**63086.52**	**53078.73**	**47745.77**	**83081.66**	**68757.74**	**60375.69**	**54466.39**	**42330.72**	**38490.54**
其中	人 工 费 （元）		13584.00	12816.00	12528.00	20064.00	18672.00	17808.00	16896.00	11712.00	11328.00
	材 料 费 （元）		32664.50	28224.32	25826.62	40840.61	35752.38	30202.41	27169.31	21999.07	20935.90
	机 械 费 （元）		133.31	124.26	119.10	140.18	133.31	124.26	119.10	121.91	117.23
	辅助车间服务费 （元）		16704.71	11914.15	9272.05	22036.87	14200.05	12241.02	10281.98	8497.74	6109.41
名 称	单位	单价（元）	消		耗			量			
人工 井下人工	工日	48.00	283.00	267.00	261.00	418.00	389.00	371.00	352.00	244.00	236.00
材料 现浇混凝土 C20-40（碎石）	m³	158.94	106.000	106.000	106.000	106.000	106.000	106.000	106.000	106.000	106.000
现浇混凝土 C10-40（碎石）	m³	129.67	35.000	25.000	20.000	42.000	35.000	25.000	20.000	23.000	18.000
木模板	m³	1545.31	3.480	2.490	1.940	4.880	3.860	2.700	2.040	0.700	0.550
木碹胎	m³	1859.00	–	–	–	4.440	3.250	2.260	1.720	0.410	0.320
中枋	m³	1800.00	3.010	2.150	1.670	0.280	0.280	0.190	0.140	–	–
板材	m³	1300.00	–	–	–	0.110	0.110	0.090	0.070	–	–
碹胎垫木	m³	1668.00	–	–	–	0.900	0.710	0.500	0.380	–	–
其他材料费	%	–	1.500	1.500	1.500	1.500	1.500	1.500	1.500	1.500	1.500
其中电耗	kW·h	–	(68.830)	(64.160)	(61.500)	(72.380)	(68.830)	(64.160)	(61.500)	(62.950)	(60.530)
机械 施工机械费	元	1.00	133.310	124.260	119.100	140.180	133.310	124.260	119.100	121.910	117.230
辅助费 辅助车间服务费	元	1.00	4256.655	3040.751	2364.478	5618.111	3616.028	3122.933	2629.838	2169.419	1578.299
井上人工	工日		94.350	67.150	52.700	124.100	79.900	68.850	57.800	47.600	34.000
井下人工	工日	48.00	121.550	86.700	67.150	160.650	103.700	89.250	74.800	62.050	44.200
电耗	kW·h	0.85	3340.766	2383.291	1854.551	4404.187	2835.790	2447.156	2058.522	1701.078	1234.717

3. 平洞、平巷喷射混凝土支护

工作内容:清除浮石,清洗岩面,喷射混凝土并养护等。

单位:100m³

定 额 编 号			3-7-154	3-7-155	3-7-156	3-7-157	3-7-158	3-7-159
项 目			墙			拱		
			支护厚度(mm)					
			<100	<150	<200	<100	<150	<200
基 价 (元)			**81291.70**	**69443.55**	**62979.47**	**91635.70**	**78270.75**	**71112.57**
其中	人 工 费 (元)		14856.48	13625.28	12804.48	17196.00	15759.36	14979.84
	材 料 费 (元)		35801.15	32945.84	31188.73	40413.57	37338.62	35361.87
	机 械 费 (元)		9785.59	8969.62	8533.58	11187.85	10231.57	9760.55
	辅助车间服务费 (元)		20848.48	13902.81	10452.68	22838.28	14941.20	11010.31
名 称	单位	单价(元)	消	耗		量		
人工 井下人工	工日	48.00	309.51	283.86	266.76	358.25	328.32	312.08
材料 喷射混凝土	m³	231.76	146.700	135.000	127.800	165.600	153.000	144.900
其他材料费	%	–	5.300	5.300	5.300	5.300	5.300	5.300
其中电耗	kW·h	–	(475.990)	(436.290)	(415.090)	(544.200)	(497.670)	(474.780)
其中风耗	m³	–	(40278.190)	(36918.240)	(35124.890)	(46049.890)	(42112.770)	(40175.130)
机械 施工机械费	元	1.00	9785.590	8969.620	8533.580	11187.850	10231.570	9760.550
辅助费 辅助车间服务费	元	1.00	5309.184	3554.639	2660.533	5825.052	3811.087	2817.967
井上人工	工日	40.00	117.300	78.200	58.650	128.350	84.150	62.050
井下人工	工日	48.00	152.150	101.150	76.500	166.600	108.800	79.900
电耗	kW·h	0.85	4169.522	2782.322	2087.236	4567.562	2990.253	2206.054

4.平洞、平巷喷射混凝土支护(带金属网)

工作内容:清除浮石,清洗岩面,挂设钢筋网,喷射混凝土并养护等。

单位:100m³

定 额 编 号			3-7-160	3-7-161	3-7-162	3-7-163	3-7-164	3-7-165
项 目			墙			拱		
			支护厚度(mm)					
			<100	<150	<200	<100	<150	<200
基 价 (元)			**103548.91**	**87625.57**	**76743.80**	**114119.47**	**95308.85**	**81839.76**
其中	人 工 费 (元)		16498.08	15348.96	14076.96	17934.72	16375.20	15554.40
	材 料 费 (元)		54971.38	45940.36	39631.51	62833.00	52488.90	44464.45
	机 械 费 (元)		10141.34	11671.39	8839.24	11671.39	10707.34	10191.42
	辅助车间服务费 (元)		21938.11	14664.86	14196.09	21680.36	15737.41	11629.49
名 称	单位	单价(元)	消		耗		量	
人工 井下人工	工日	48.00	343.71	319.77	293.27	373.64	341.15	324.05
材料	喷射混凝土	m³	231.76	152.100	139.500	126.900	173.700	158.400	151.200
	钢筋网	kg	5.01	3384.000	2255.000	1642.000	3875.000	2622.000	1434.000
	其他材料费	%	-	5.300	5.300	5.300	5.300	5.300	5.300
	其中电耗	kW·h	-	(493.290)	(567.710)	(429.950)	(567.710)	(520.820)	(495.730)
	其中风耗	m³	-	(41741.730)	(48039.060)	(36382.300)	(48039.060)	(44071.020)	(41947.860)
机械	施工机械费	元	1.00	10141.340	11671.390	8839.240	11671.390	10707.340	10191.420
辅助费	辅助车间服务费	元	1.00	5604.249	3734.846	3441.761	6144.871	4017.039	2959.558
	井上人工	工日	40.00	123.250	82.450	62.050	136.000	88.400	65.450
	井下人工	工日	48.00	159.800	107.100	133.450	124.950	114.750	85.000
	电耗	kW·h	0.85	4392.305	2930.844	2196.153	4821.040	3148.677	2319.921

5. 斜巷混凝土支护（α≤18°木模）

工作内容：清除浮石、立、拆模板及碹胎、浇捣、养护混凝土等。

单位：100m³

定 额 编 号			3-7-166	3-7-167	3-7-168	3-7-169	3-7-170	3-7-171	3-7-172	3-7-173
项 目			墙			拱			底拱	
			支护厚度（mm）							
			<300	<400	>400	<300	<400	>400	<400	>400
基 价 （元）			**67508.96**	**54334.38**	**48491.02**	**74907.14**	**60724.49**	**52896.06**	**42291.15**	**37003.50**
其中	人 工 费 （元）		11594.88	10892.16	10672.80	14493.60	13836.48	13132.32	9091.68	8828.16
	材 料 费 （元）		34688.34	29660.59	26952.12	37635.80	31506.86	28163.47	21999.07	20935.90
	机 械 费 （元）		921.90	865.76	836.83	928.96	870.70	839.65	833.48	810.58
	辅助车间服务费 （元）		20303.84	12915.87	10029.27	21848.78	14510.45	10760.62	10366.92	6428.86
名 称	单位	单价（元）	消	耗			量			
人工 井下人工	工日	48.00	241.56	226.92	222.35	301.95	288.26	273.59	189.41	183.92
材料 现浇混凝土 C20-40（碎石）	m³	158.94	106.000	106.000	106.000	106.000	106.000	106.000	106.000	106.000
现浇混凝土 C10-40（碎石）	m³	129.67	35.000	25.000	20.000	35.000	25.000	20.000	23.000	18.000
木模板	m³	1545.31	3.920	2.800	2.180	4.360	3.040	2.300	0.700	0.550
木碹胎	m³	1859.00	–	–	–	3.680	2.570	1.950	0.410	0.320
中枋	m³	1800.00	3.740	2.670	2.080	0.280	0.190	0.140	–	–
板材	m³	1300.00	–	–	–	0.110	0.090	0.070	–	–
碹胎垫木	m³	1668.00	–	–	–	0.880	0.610	0.470	–	–
其他材料费	%	–	1.500	1.500	1.500	1.500	1.500	1.500	1.500	1.500
其中电耗	kW·h	–	(412.510)	(377.860)	(359.990)	(416.860)	(380.900)	(361.730)	(357.960)	(343.810)
机械 施工机械费	元	1.00	921.901	865.764	836.826	928.962	870.701	839.647	833.481	810.578
辅助费 辅助车间服务费	元	1.00	4277.700	3059.700	2377.200	5989.343	3637.200	2635.501	2177.700	1573.950
井上人工	工日	40.00	122.000	72.900	56.700	113.400	79.200	59.400	63.000	36.000
井下人工	工日	48.00	181.000	108.000	83.700	168.300	117.000	88.200	92.000	52.200
电耗	kW·h	0.85	2891.927	2066.082	1607.606	3817.696	2457.942	1782.963	1474.373	1069.778

6. 斜巷喷射混凝土支护（α<18°）

工作内容: 清除浮石,清洗岩面,喷射混凝土并养护等。

单位:100m³

定　额　编　号			3-7-174	3-7-175	3-7-176	3-7-177	3-7-178	3-7-179
项　　　目			墙			拱		
			支护厚度(mm)					
			<100	<150	<200	<100	<150	<200
基　　　价　　（元）			**88791.20**	**75315.94**	**67977.40**	**99797.12**	**84578.15**	**76461.08**
其中	人　工　费　（元）		15708.96	14423.04	13539.36	18199.68	16673.28	15829.44
	材　料　费　（元）		35801.15	32945.84	31188.73	40413.57	37338.62	35361.87
	机　械　费　（元）		11954.72	11075.29	10597.37	13470.96	12435.67	11929.68
	辅助车间服务费　（元）		25326.37	16871.77	12651.94	27712.91	18130.58	13340.09
名　　称	单位	单价（元）	消　　　耗　　　量					
人工 井下人工	工日	48.00	327.27	300.48	282.07	379.16	347.36	329.78
材料 喷射混凝土	m³	231.76	146.700	135.000	127.800	165.600	153.000	144.900
其他材料费	%	-	5.300	5.300	5.300	5.300	5.300	5.300
其中电耗	kW·h	-	(1462.680)	(1419.900)	(1396.660)	(1536.440)	(1486.060)	(1461.460)
其中风耗	m³	-	(43493.850)	(39874.170)	(37907.670)	(49735.530)	(45472.720)	(43390.790)
机械 施工机械费	元	1.00	11954.720	11075.290	10597.370	13470.960	12435.670	11929.680
辅助费 辅助车间服务费	元	1.00	5352.900	3572.100	2672.250	5854.800	3835.650	2827.650
井上人工	工日	40.00	149.940	99.960	75.460	164.640	107.800	79.380
井下人工	工日	48.00	222.460	147.980	110.740	243.040	158.760	116.620
电耗	kW·h	0.85	3879.750	2586.150	1936.200	4243.050	2779.350	2046.450

7. 斜巷喷射混凝土支护(α<18°带金属网)

工作内容:清除浮石,清洗岩面,挂设钢筋网,喷射混凝土并养护等。

单位:100m³

定 额 编 号				3-7-180	3-7-181	3-7-182	3-7-183	3-7-184	3-7-185
项 目				墙			拱		
				支护厚度(mm)					
				<100	<150	<200	<100	<150	<200
基 价 (元)				**111177.15**	**91197.71**	**78591.68**	**124685.26**	**101589.89**	**90445.57**
其中	人 工 费 (元)			17248.80	16056.48	14705.28	18759.36	17129.76	16255.20
	材 料 费 (元)			54971.38	45940.36	39631.51	62833.00	52488.90	47123.32
	机 械 费 (元)			12345.44	11428.88	10938.00	13992.92	12950.29	12395.52
	辅助车间服务费 (元)			26611.53	17771.99	13316.89	29099.98	19020.94	14671.53
名 称		单位	单价(元)	消		耗	量		
人工	井下人工	工日	48.00	359.35	334.51	306.36	390.82	356.87	338.65
材料	喷射混凝土	m³	231.76	152.100	139.500	126.900	173.700	158.400	151.200
	钢筋网	kg	5.01	3384.000	2255.000	1642.000	3875.000	2622.000	1938.000
	其他材料费	%	–	5.300	5.300	5.300	5.300	5.300	5.300
	其中电耗	kW·h	–	(1481.680)	(1437.100)	(1413.230)	(1561.820)	(1511.100)	(1484.110)
	其中风耗	m³	–	(45101.680)	(41329.470)	(39309.370)	(51883.420)	(47591.760)	(45307.810)
机械	施工机械费	元	1.00	12345.440	11428.880	10938.000	13992.920	12950.290	12395.520
辅助费	辅助车间服务费	元	1.00	5637.450	3747.450	2809.800	6171.900	4034.100	2971.500
	井上人工	工日	40.00	157.780	105.840	79.380	172.480	112.700	83.300
	井下人工	工日	48.00	233.240	155.820	116.620	254.800	166.600	123.480
	电耗	kW·h	0.85	4079.250	2719.500	2040.150	4468.800	2920.050	2871.750

8. 斜巷混凝土支护(α≤30°木模)

工作内容:清除浮石,立、拆模板及碹胎、浇捣、养护混凝土等。

单位:100m³

定 额 编 号			3-7-186	3-7-187	3-7-188	3-7-189	3-7-190	3-7-191	3-7-192	3-7-193
项 目			墙			拱			底拱	
			支护厚度(mm)							
			<300	<400	>400	<300	<400	>400	<400	>400
基 价 (元)			**70950.07**	**58073.90**	**51675.09**	**83204.52**	**66098.25**	**56887.37**	**44006.89**	**39484.35**
其中	人 工 费 (元)		12648.96	11902.56	11682.72	15855.36	15152.64	14362.08	9970.08	9618.72
	材 料 费 (元)		34688.34	29660.59	26952.12	37635.80	31506.86	28163.47	21999.07	20935.90
	机 械 费 (元)		1020.16	963.33	934.05	965.85	968.34	936.90	930.66	907.48
	辅助车间服务费 (元)		22592.61	15547.42	12106.20	28747.51	18470.41	13424.92	11107.08	8022.25
名 称	单位	单价(元)	消		耗		量			
人工 井下人工	工日	48.00	263.52	247.97	243.39	330.32	315.68	299.21	207.71	200.39
材料 现浇混凝土 C20-40(碎石)	m³	158.94	106.000	106.000	106.000	106.000	106.000	106.000	106.000	106.000
现浇混凝土 C10-40(碎石)	m³	129.67	35.000	25.000	20.000	35.000	25.000	20.000	23.000	18.000
木模板	m³	1545.31	3.920	2.800	2.180	4.360	3.040	2.300	0.700	0.550
木碹胎	m³	1859.00	–	–	–	3.680	2.570	1.950	0.410	0.320
中枋	m³	1800.00	3.740	2.670	2.080	0.280	0.190	0.140	–	–
板材	m³	1300.00	–	–	–	0.110	0.090	0.070	–	–
碹胎垫木	m³	1668.00	–	–	–	0.880	0.610	0.470	–	–
其他材料费	%	–	1.500	1.500	1.500	1.500	1.500	1.500	1.500	1.500
其中电耗	kW·h	–	(410.780)	(376.130)	(358.260)	(377.760)	(379.170)	(360.000)	(356.230)	(342.080)
机械 施工机械费	元	1.00	1020.161	963.331	934.049	965.846	968.336	936.904	930.662	907.481
辅助费 辅助车间服务费	元	1.00	5011.650	3449.250	2684.850	6390.300	4104.450	2974.650	2461.200	1788.150
井上人工	工日	40.00	134.260	93.100	72.520	171.500	110.740	80.360	66.640	48.020
井下人工	工日	48.00	198.940	137.200	106.820	253.820	162.680	118.580	98.000	70.560
电耗	kW·h	0.85	3131.100	2104.200	1639.050	3898.650	2503.200	1816.500	1501.500	1089.900

9. 斜巷喷射混凝土支护(α < 30°)

工作内容: 清除浮石,清洗岩面,喷射混凝土并养护等。

单位:100m³

定 额 编 号			3-7-194	3-7-195	3-7-196	3-7-197	3-7-198	3-7-199
项 目			墙			拱		
			支护厚度(mm)					
			<100	<150	<200	<100	<150	<200
基 价 (元)			**93667.27**	**79380.55**	**71611.97**	**105264.43**	**89088.01**	**80570.63**
其中	人 工 费 (元)		17155.20	15748.80	14784.96	19847.04	18199.68	17316.00
	材 料 费 (元)		35801.15	32945.84	31188.73	40413.57	37338.62	35361.87
	机 械 费 (元)		13556.45	12574.70	12052.31	15238.91	14083.16	13527.10
	辅助车间服务费 (元)		27154.47	18111.21	13585.97	29764.91	19466.55	14365.66
名 称	单位	单价(元)	消		耗	量		
人工 井下人工	工日	48.00	357.40	328.10	308.02	413.48	379.16	360.75
材料	喷射混凝土	m³	231.76	146.700	135.000	127.800	165.600	153.000	144.900
	其他材料费	%	–	5.300	5.300	5.300	5.300	5.300	5.300
	其中电耗	kW·h	–	(1827.890)	(1780.140)	(1754.740)	(1909.740)	(1853.530)	(1826.480)
	其中风耗	m³	–	(48223.520)	(44183.330)	(42033.870)	(55149.550)	(50392.880)	(48104.100)
机械 施工机械费	元	1.00	13556.450	12574.700	12052.310	15238.910	14083.160	13527.100
辅助费	辅助车间服务费	元	1.00	6034.350	4041.450	3027.150	6628.650	4326.000	3194.100
	井上人工	工日	40.00	161.700	107.800	81.340	177.380	116.620	86.240
	井下人工	工日	48.00	240.100	159.740	119.560	262.640	171.500	126.420
	电耗	kW·h	0.85	3679.200	2459.100	1842.750	4040.400	2639.700	1945.650

10. 斜巷喷射混凝土支护（α<30°带金属网）

工作内容：清除浮石，清洗岩面，挂设钢筋网，喷射混凝土并养护等。

单位：100m³

定　额　编　号			3-7-200	3-7-201	3-7-202	3-7-203	3-7-204	3-7-205
项　　目			墙			拱		
			支护厚度（mm）					
			<100	<150	<200	<100	<150	<200
基　　价　（元）			**124054.53**	**94957.93**	**83976.47**	**114621.48**	**106284.48**	**93939.41**
其中	人　工　费　（元）		18838.56	17527.20	16096.32	20508.00	18719.52	17765.76
	材　料　费　（元）		54971.38	45940.36	39631.51	62833.00	52488.90	47123.32
	机　械　费　（元）		13885.00	12884.25	13943.28	－	14557.20	13943.28
	辅助车间服务费　（元）		36359.59	18606.12	14305.36	31280.48	20518.86	15107.05
名　　称	单位	单价（元）	消　　　　耗　　　　量					
人工 井下人工	工日	48.00	392.47	365.15	335.34	427.25	389.99	370.12
材料 喷射混凝土	m³	231.76	152.100	139.500	126.900	173.700	158.400	151.200
钢筋网	kg	5.01	3384.000	2255.000	1642.000	3875.000	2622.000	1938.000
其他材料费	%	－	5.300	5.300	5.300	5.300	5.300	5.300
其中电耗	kW·h	－	(1843.880)	(1795.200)	(1846.710)	(1932.080)	(1876.580)	(1846.710)
其中风耗	m³	－	(49576.880)	(45457.080)	(49815.710)	(57040.280)	(52343.310)	(49815.710)
机械 施工机械费	元	1.00	13885.000	12884.250	13943.280	(15698.270)	14557.200	13943.280
辅助费 辅助车间服务费	元	1.00	6372.450	3771.600	3178.350	6961.500	4554.900	3361.050
井上人工	工日	40.00	171.500	113.680	85.260	186.200	122.500	90.160
井下人工	工日	48.00	413.000	168.560	126.420	276.360	181.300	133.280
电耗	kW·h	0.85	3886.050	2584.050	1939.350	4242.000	2778.300	2049.600

11. 铺砌地面

工作内容：放样、运料、找平、安砌、扫缝。

单位：100m³

定 额 编 号				3-7-206	3-7-207	3-7-208	3-7-209
项 目				混凝土		混凝土砖	
				支护厚度（mm）			
				<200	>200	<200	>200
基 价 （元）				**27803.03**	**35204.44**	**23931.94**	**29556.04**
其中	人 工 费 （元）			7584.00	7248.00	4656.00	4272.00
	材 料 费 （元）			20219.03	19884.83	19275.94	19275.94
	机 械 费 （元）			－	－	－	－
	辅助车间服务费 （元）			－	8071.61	－	6008.10
名 称		单位	单价（元）	消 耗 量			
人工	井下人工	工日	48.00	158.00	151.00	97.00	89.00
材料	现浇混凝土 C20－20（碎石）	m³	164.63	121.000	119.000	－	－
	混凝土砖	m³	193.36	－	－	92.000	92.000
	水泥砂浆 M15	m³	143.09	－	－	8.400	8.400
	其他材料费	%	－	1.500	1.500	1.500	1.500
辅助费	辅助车间服务费	元	1.00	－	1584.450	－	1458.450
	井上人工	工日	40.00	－	38.220	－	35.280
	井下人工	工日	48.00	－	81.340	－	45.080
	电耗	kW·h	0.85	－	1240.050	－	1146.600

12. 沟槽砌筑

工作内容:立、拆模板,浇捣、养护混凝土等。

单位:100m³

定 额 编 号				3-7-210	3-7-211	3-7-212	3-7-213
项 目				混凝土		混凝土砖	
				净断面(m²)			
				<0.4	>0.4	<0.4	>0.4
基 价 (元)				**33914.81**	**27850.25**	**22219.81**	**22671.92**
其中	人 工 费 (元)			9508.32	5803.20	5669.28	5758.56
	材 料 费 (元)			24406.49	22047.05	16550.53	16913.36
	机 械 费 (元)			–	–	–	–
	辅助车间服务费 (元)			–	–	–	–
名 称	单位	单价(元)		消 耗 量			
人工 井下人工	工日	48.00		198.09	120.90	118.11	119.97
材料	现浇混凝土 C20-40(碎石)	m³	158.94	119.000	118.000	–	–
	混凝土砖	m³	193.36	–	–	69.000	71.000
	水泥砂浆 M10	m³	127.16	–	–	23.310	23.080
	木模板	m³	1545.31	2.890	1.640	–	–
	中枋	m³	1800.00	0.370	0.240	–	–
	其他材料费	%	–	1.500	1.500	1.500	1.500

13. 沟槽盖板铺设

工作内容：调配砂浆、铺底灰、就位、勾抹缝隙。

单位：100m

定 额 编 号			3-7-214	3-7-215	3-7-216	3-7-217
项 目			木盖板		钢筋混凝土盖板	
			盖板宽度（mm）			
			<500	>500	<500	>500
基 价 （元）			3557.12	6226.40	2261.40	4214.88
其中	人 工 费 （元）		165.12	290.40	290.40	535.68
	材 料 费 （元）		3392.00	5936.00	1971.00	3679.20
	机 械 费 （元）		–	–	–	–
	辅助车间服务费 （元）		–	–	–	–
名 称	单位	单价（元）	消 耗 量			
人工 井下人工	工日	48.00	3.44	6.05	6.05	11.16
材料 木制水沟盖	m³	1696.00	2.000	3.500	–	–
钢筋混凝土盖板	m³	657.00	–	–	3.000	5.600

注：材料数量与定额不符时，可以按设计调整。

14. 锚杆架设(钢筋、砂浆)

工作内容:清除浮石、固定锚杆、清理等。

单位:100 根

定 额 编 号			3-7-218	3-7-219	3-7-220	3-7-221	3-7-222	3-7-223
项 目			岩石硬度<6			岩石硬度<10		
			钻孔深度(m)					
			<1.0	<1.5	<2.0	<1.0	<1.5	<2.0
基 价 (元)			**2497.64**	**3387.41**	**4535.52**	**3016.77**	**4075.43**	**5185.20**
其中	人 工 费 (元)		528.00	768.00	1008.00	720.00	1008.00	1344.00
	材 料 费 (元)		1490.98	1979.61	2474.42	1516.02	2062.73	2585.32
	机 械 费 (元)		478.66	639.80	1053.10	780.75	1004.70	1255.88
	辅助车间服务费 (元)		-	-	-	-	-	-
名 称	单位	单价(元)	消	耗		量		
人工 井下人工	工日	48.00	11.00	16.00	21.00	15.00	21.00	28.00
材料 钢筋锚杆 φ<20 L=1.6m	根	13.28	102.000	-	-	102.000	-	-
钢筋锚杆 φ<20 L=2.1m	根	17.47	-	102.000	-	-	102.000	-
钢筋锚杆 φ<20 L=2.6m	根	21.72	-	-	102.000	-	-	102.000
合金钻头 φ38	个	30.00	1.590	2.380	3.170	2.230	4.840	6.450
中空六角钢	kg	10.00	2.680	4.010	5.340	3.240	4.860	6.480
锚杆用砂浆	m³	277.37	0.170	0.240	0.310	0.170	0.240	0.310
其他材料费	%	-	1.000	1.000	1.000	1.000	1.000	1.000
其中风耗	m³	-	(2390.360)	(3194.900)	(5131.350)	(3866.780)	(4977.210)	(6222.060)
其中水耗	m³	-	(7.370)	(9.800)	(12.270)	(12.760)	(16.270)	(20.360)
机械 施工机械费	元	1.00	478.660	639.800	1053.100	780.750	1004.700	1255.880

定 额 编 号			3-7-224	3-7-225	3-7-226	3-7-227	3-7-228	3-7-229
项 目			岩石硬度<15			岩石硬度<20		
			钻孔深度(m)					
			<1.0	<1.5	<2.0	<1.0	<1.5	<2.0
基 价 （元）			**3484.86**	**4806.09**	**6128.92**	**6494.04**	**9251.29**	**12013.90**
其中	人 工 费 （元）		864.00	1296.00	1728.00	1056.00	1584.00	2112.00
	材 料 费 （元）		1615.31	2166.26	2723.39	4026.00	5783.72	7547.62
	机 械 费 （元）		1005.55	1343.83	1677.53	1412.04	1883.57	2354.28
	辅助车间服务费 （元）		–			–		–
名 称	单位	单价(元)	消	耗		量		
人工 井下人工	工日	48.00	18.00	27.00	36.00	22.00	33.00	44.00
材料	钢筋锚杆 φ<20 L=1.6m	根	13.28	102.000	–	–	102.000	–	–
	钢筋锚杆 φ<20 L=2.1m	根	17.47	–	102.000	–	–	102.000	–
	钢筋锚杆 φ<20 L=2.6m	根	21.72	–	–	102.000	–	–	102.000
	合金钻头 φ38	个	30.00	5.000	7.500	10.000	7.780	11.580	15.380
	中空六角钢	kg	10.00	4.760	7.130	9.500	0.170	0.240	0.310
	锚杆用砂浆	m³	277.37	0.170	0.240	0.310	8.640	12.960	17.280
	其他材料费	%	–	1.000	1.000	1.000	1.000	1.000	1.000
	其中风耗	m³	–	(4963.250)	(6632.870)	(8280.460)	(6947.150)	(9267.990)	(11584.330)
	其中水耗	m³	–	(16.680)	(22.240)	(27.780)	(23.810)	(31.760)	(39.700)
机械	施工机械费	元	1.00	1005.550	1343.830	1677.530	1412.040	1883.570	2354.280

15. 临时支护

工作内容: 清除浮石、架设支架、清理等。

单位:100 根

定　额　编　号					3-7-230	3-7-231
项　　　目					钢支架	木支架
					100 架	<2.0
基　　　价　（元）					**133342.12**	**163322.08**
其 中	人　工　费　（元）				6336.00	12912.00
	材　料　费　（元）				127006.12	150410.08
	机　械　费　（元）				–	–
	辅助车间服务费　（元）				–	–
	名　　　　　称	单位	单价(元)		消　　耗　　量	
人工	井下人工	工日	48.00		132.00	269.00
材 料	钢支架	t	5100.00		12.800	–
	原木	m³	1100.00		–	50.700
	背板	m³	1558.47		38.800	59.300
	其他材料费	%	–		1.000	1.500

三、成品及半成品制作

1. 钢筋、钢筋网绑扎

单位:100 根

定　额　编　号			3-7-232	3-7-233	3-7-234
项　　　目			竖井钢筋制作绑扎	巷道钢筋制作绑扎	钢筋网制作绑扎
基　　价　（元）			**5185.32**	**5270.82**	**5775.01**
其中	人　工　费　（元）		960.00	1042.56	1776.00
	材　料　费　（元）		4196.03	4198.97	3947.39
	机　械　费　（元）		29.29	29.29	51.62
名　　　　称	单位	单价（元）	消　　　耗　　　量		
人工 井下人工	工日	48.00	20.00	21.72	37.00
材料 钢筋 φ10 以内	t	3820.00	0.107	0.107	1.020
钢筋 φ10 以外	t	3900.00	0.953	0.953	–
镀锌铁丝 18～22 号	kg	5.81	5.000	5.500	2.050
其他材料费	%	–	1.000	1.000	1.000
机械 钢筋调直机 φ14	台班	40.33	0.120	0.120	1.280
钢筋切断机 φ40	台班	47.66	0.340	0.340	–
钢筋弯曲机 φ40	台班	24.26	0.340	0.340	–

2. 钢筋锚杆制作

单位:100 根

定　额　编　号			3-7-235	3-7-236	3-7-237	3-7-238	3-7-239	3-7-240
项　　　　目			直径 20mm	直径<14mm		直径<20mm		
			1.6	2.1	2.6	1.6	2.1	2.6
基　　　价　（元）			**895.21**	**1178.37**	**1450.10**	**1793.59**	**2358.95**	**2926.37**
其中	人　工　费　（元）		65.28	85.44	106.56	97.92	128.16	158.40
	材　料　费　（元）		807.53	1062.13	1312.74	1650.87	2171.99	2681.17
	机　械　费　（元）		22.40	30.80	30.80	44.80	58.80	86.80
名　　　称	单位	单价（元）	消　　　　耗　　　　量					
人工 井下人工	工日	48.00	1.36	1.78	2.22	2.04	2.67	3.30
材料 钢筋 φ10 以外	t	3900.00	0.203	0.267	0.330	0.415	0.546	0.674
其他材料费	%	–	2.000	2.000	2.000	2.000	2.000	2.000
机械 其他机械费	元	1.00	22.400	30.800	30.800	44.800	58.800	86.800

3.钢构件制作

定 额 编 号				3-7-241	3-7-242	3-7-243	3-7-244
项 目				井圈连接板	井圈挂钩	井圈插销	井圈
				1.6	2.1	2.6	1.6
基 价 （元）				**9465.65**	**7922.26**	**6226.39**	**5883.10**
其中	人 工 费 （元）			2400.00	960.00	1920.00	1728.00
	材 料 费 （元）			6625.35	6718.80	4018.80	3922.00
	机 械 费 （元）			440.30	243.46	287.59	233.10
名 称		单位	单价(元)	消 耗 量			
人工	井下人工	工日	48.00	50.00	20.00	40.00	36.00
材料	槽钢	t	3700.00	—	—	—	1.060
	中厚钢板 15mm 以下	kg	4.50	1100.000	—	—	—
	带帽螺栓	kg	6.40	174.000	—	—	—
	螺栓垫圈	kg	6.50	17.500	—	—	—
	钢筋 $\phi25$	t	3940.00	—	1.020	—	—
	钢筋 $\phi20$	t	3940.00	—	—	1.020	—
	氧气	m³	3.60	6.000	—	—	—
	乙炔气	kg	12.80	8.000	—	—	—
	煤	t	540.00	0.600	5.000	—	—
机械	其他机械费	元	1.00	440.300	243.460	287.590	233.100

附　　录

一、土壤、岩石分类表

1. 土石方虚实方系数表

项目	类别	自然方	松方	实方(综合取定)	码方
土方	一、二类土	1	1.25	0.85	
	三类土	1	1.35		
	四类土	1	1.40		
石方	$f = 1.5 \sim 8$	1	1.50	1.31	
	$f = 8 \sim 14$	1	1.60		
	$f = 14 \sim 18$	1	1.70		
砂方		1	1.07	0.94	
块石		1	1.75	1.43	1.67

2. 土壤及岩石(普氏)分类表

定额分类	普氏分类	土壤及岩石名称	天然湿度下平均容量 （kg/m³）	极限压碎强度 （kg/cm²）	用轻钻孔机钻进1m耗时（min）	开挖方法及工具	紧固系数（f）
普通土	I	砂 砂壤土 腐殖土 泥炭	1500 1600 1200 600			用尖锹开挖	0.5~0.6
	II	轻壤土和黄土类土 潮湿而松散的黄土，软的盐渍土和碱土 平均15mm以内的松散而软的砾石 含有草根的密实腐殖土 含有直径在30mm以内根类的泥炭和腐殖土 掺有卵石、碎石和石屑的砂和腐殖土 含有卵石或碎石杂质的胶结成块的填土 含有卵石、碎石和建筑料杂质的砂壤土	1600 1600 1700 1400 1100 1650 1750 1900			用锹开挖并少数用镐开挖	0.6~0.8
	III	肥黏土，其中包括石炭纪、侏罗纪的黏土和冰黏土 重壤土、粗砾石，粒径为15~40mm的碎石和卵石 干黄土和掺有碎石或卵石的自然含水量黄土 含有直径大于30mm根类的腐殖土或泥炭 掺有碎石或卵石和建筑碎料的土壤	1800 1750 1790 1400 1900			用尖锹并同时用镐开挖（30%）	0.81~1.0
坚土	IV	土含碎石重黏土，其中包括侏罗纪和石炭纪的硬黏土 含有碎石、卵石、建筑碎料和重达25kg的顽石（总体积10%以内）等杂质的肥黏土和重壤土 冰碛黏土，含有重量在50kg以内的巨砾，其含量为总体积的10%以内 泥板岩 不含或含有重量达10kg的顽石	1950 1950 2000 2000 1950			用尖锹并同时用镐和撬棍开挖（30%）	1.0~1.5

定额分类	普氏分类	土壤及岩石名称	天然湿度下平均容量（kg/m³）	极限压碎强度（kg/cm²）	用轻钻孔机钻进 1m 耗时（min）	开挖方法及工具	紧固系数（f）
松石	V	含有重量在 50kg 以内的巨砾（占体积 10% 以上）的冰碛石 砂藻岩和软白垩岩 胶结力弱的砾岩 各种不坚实的片岩 石膏	2100 1800 1900 2600 2200	小于 200	小于 3.5	部分用手凿工具，部分用爆破来开挖	1.5~2.0
次坚石	VI	凝灰岩和浮石 松软多孔和裂隙严重的石灰岩和介质石灰岩 中等硬变的片岩 中等硬变的泥灰岩	1100 1200 2700 2300	200~400	3.5	用风镐的爆破来开挖	2~4
	VII	石灰石胶结的带有卵石和沉积岩的砾石 风化的和有大裂缝的黏土质砂岩 坚实的泥岩板 坚实泥灰岩	2200 2000 2800 2500	400~600	6.0	用爆破方法开挖	4~6
	VIII	砾质花岗岩 泥灰质石灰岩 黏土质砂岩 砂质云片岩 硬石膏	2300 2300 2200 2300 2900	600~800	8.5	用爆破方法开挖	6~8
普坚石	IX	严重风化的软弱的花岗岩、片麻岩和正长岩 滑石化的蛇纹岩 致密的石灰岩 含有卵石、沉积岩碴质胶结的砾岩 砂岩 砂质石灰质片岩 菱镁矿	2500 2400 2500 2500 2500 2500 3000	800~1000	11.5	用爆破方法开挖	8~10
	X	白云石 坚固的石灰岩 大理石 石灰岩质胶结的致密砾石 坚固砂质片岩	2700 2700 2700 2600 2600	1000~1200	15.0	用爆破方法开挖	10~12

续前

定额分类	普氏分类	土壤及岩石名称	天然湿度下平均容量（kg/m³）	极限压碎强度（kg/cm²）	用轻钻孔机钻进1m耗时（min）	开挖方法及工具	紧固系数（f）
特坚石	XI	粗花岗岩 非常坚硬的白云岩 蛇纹岩 石灰质胶结的含有火成岩之卵石的砾石 石英胶结的坚固砂岩 粗粒正长岩	2800 2900 2600 2800 2700 2700	1200～1400	18.5	用爆破方法开挖	12～14
	XII	具有风化痕迹的安山岩和玄武岩 片麻岩 非常坚固的石灰岩 硅质胶结的含有火成岩之卵石的砾岩 粗石岩	2700 2600 2900 2900 2600	1400～1600	22.0	用爆破方法开挖	14～16
	XIII	中粒花岗岩 坚固的片麻岩 辉绿岩 玢岩 坚固的粗面岩 中粒正长岩	3100 2800 2700 2500 2800 2800	1600～1800	27.5	用爆破方法开挖	16～18
	XIV	非常坚硬的细粒花岗岩 花岗岩麻岩 闪长岩 高硬度的石灰岩 坚固的玢岩	3300 2900 2900 3100 2700	1800～2000	32.5	用爆破方法开挖	18～20
	XV	安山岩、玄武岩、坚固的角页岩 高硬度的辉绿岩和闪长岩 坚固的辉长岩和石英岩	3100 2900 2800	2000～2500	46.0	用爆破方法开挖	20～25
	XVI	拉长玄武岩和橄榄玄武岩 特别坚固的辉长辉绿岩、石英石和玢岩	3300 3000	大于2500	大于60	用爆破方法开挖	大于25

注：1kg/cm² = 9.8N/cm²。

3. 钻孔、灌浆工程岩石分级对照表

十二级划分			十六级划分		
岩石级别	可钻性（m/h）	一次提钻长度（m）	岩石级别	可钻性（m/h）	一次提钻长度（m）
Ⅳ	1.60	1.70	Ⅴ	1.60	1.70
Ⅴ	1.15	1.50	Ⅵ	1.20	1.50
Ⅵ	0.82	1.30	Ⅶ	1.00	1.40
Ⅶ	0.57	1.10	Ⅷ	0.85	1.30
Ⅷ	0.38	0.85	Ⅸ	0.72	1.20
Ⅸ	0.25	0.65	Ⅹ	0.55	1.10
Ⅹ	0.15	0.50	Ⅺ	0.38	0.85
Ⅺ	0.09	0.32	Ⅻ	0.25	0.65
Ⅻ	0.045	0.16	ⅩⅢ	0.18	0.55
			ⅩⅣ	0.13	0.40
			ⅩⅤ	0.09	0.32
			ⅩⅥ	0.045	0.16

二、高原地区人工、机械时间定额系数

本定额是按海拔高度1500m以下考虑的;当海拔高度超过1500m时,人工和机械按下列系数调整;当海拔高度超过4000m时,按国家相关规定执行。

项　目	海拔高度(m)				
	≤2000	≤2500	≤3000	≤3500	≤4000
人　工	1.05	1.1	1.15	1.2	1.25
机　械	1.15	1.25	1.35	1.45	1.55

三、材料、半成品场内运输及施工操作损耗率表

序号	材料、半成品名称	单位	损耗率(%)
1	制模板材	m³	7～20
2	制模方材	m³	7.13～18.6
3	真空模板(板材)	m³	20
4	真空模板(方材)	m³	15
5	机械刨口模板(方材)	m³	5.75～14.54
6	钢筋	t	1～2.6
7	钢钎	kg	4
8	铁钉	kg	2
9	铁件	kg	2
10	铅丝	kg	2
11	工具钢	kg	4

续前

序号	材料、半成品名称	单位	损耗率（%）
12	镀锌铁皮 0.8mm	m²	5
13	坝体混凝土、衬砌混凝土	m²	3
14	水泥（袋装）	t	1.5
15	砂子	m³	4
16	碎（砾）石	m³	2.5
17	砂、石料生产（人工）	m³	8
18	砂、石料生产（机械）	m³	15
19	石灰	m³	2.5
20	砂料堆存	m³	4
21	砂料每转运一次	m³	1.5
22	石料堆存	m³	2
23	石料每转运一次	m³	1
24	块石	m³	4
25	条石、料石	m³	3
26	水泥、砂浆	m³	7.8 ~ 9.1
27	标准砖	千块	3
28	油毡	m²	5
29	沥青	t	2
30	柏油	t	3

续前

序号	材料、半成品名称	单位	损耗率(%)
31	焊条	kg	12
32	草袋	千条	4
33	麻袋	千条	3
34	道钉	kg	5
35	钢轨	t	2
36	煤	t	4
37	煤油	kg	0.4
38	柴油	kg	0.5
39	心墙坝土料	m³	15.3
40	斜墙坝土料	m³	15.3
41	均质坝土料	m³	8.93
42	砂砾料	m³	4.9
43	石灰膏	m³	4
44	氧气	m³	6
45	硝铵炸药	kg	2
46	非电雷管	个	5
47	乙炔气	kg	6
48	焊接钢管	m	3
49	石棉塑管	m	3

序号	材料、半成品名称		单位	损耗率(%)
50	沥青混凝土	心墙混凝土	m³	5
		斜墙混凝土（密级配）	m³	5
		斜墙混凝土（开级配）	m³	3
		砂浆	m³	5
		渣油	m³	9
		沥青	m³	5
		砾石	m³	1
		石屑（人工拌制）	m³	2
		石屑（机械拌制）	m³	3
		砂子（人工拌制）	m³	2
		砂子（机械拌制）	m³	3
		矿粉（人工拌制）	m³	3
		矿粉（机械拌制）	m³	4
		再生胶粉	m³	5
		石棉粉	m³	5
		玻璃丝网	m³	5
		白灰	kg	5
		滑石粉	kg	5
		汽油	kg	5

四、工程量计算规则

一、总则

1. 冶金矿山尾矿工程施工图预算的工程量,应根据冶金矿山尾矿工程预算定额及其内容划分,按审定的尾矿工程设计施工图编制。

2. 工程量计算的有效位数应遵守下列规定:

(1)以"吨"为计量单位的应保留小数点三位,第四位小数四舍五入。

(2)以"立方米"、"平方米"、"米"、"千克"为计量单位的应保留小数点二位,第三位小数四舍五入。

(3)以"项"、"个"等为计量单位的应取整数。

二、工程量计算

1. 场地整理:

(1)场地平整,系指厚度在 ±30cm 以内的土石方就地挖、填、整平。其工程量按构筑物底面积的外边线每边各增加 2m 计算。地面铺设的管、槽,按管道基础外边线每边各增加 1m 计算。

(2)清理灌木林,挖山皮、清除料场表土层面积的工程量计算同场地平整。

2. 土石方工程:

(1)土石方工程量,应按土石类别、开挖方式、装车运输方式以及运输距离不同分别计算。

(2)挖土石方工程,预算定额中的计量单位为自然方,如挖、填,运松方,或用于筑坝需实方时,需乘以土石方的自然方,松方与实方的折算系数,见土石方虚实系数表。

（3）机械施工挖地坑、地槽时,应考虑机械挖不到的地方,其工程量,机械挖土按所挖总方量90%,人工挖土按所挖总方量10%分别计算。

（4）采用推土机推土石方上坡、铲运机重车上坡时,应按坡度小于5%、小于10%、小于15%、小于20%、小于25%分别计算。

（5）挖土方、地槽、地坑需要放坡时,应根据施工组织设计规定计算放坡,如无规定按下表计算:

土壤类别	人工挖土	机械挖土		放坡起点（m）
		在坑挖土	在坑边挖土	
Ⅰ、Ⅱ类土	1：0.50	1：0.33	1：0.75	1.2
Ⅲ类土	1：0.33	1：0.25	1：0.67	1.5
Ⅳ类土	1：0.25	1：0.10	1：0.33	2.0

（6）基础施工中需增加工作面;按施工组织设计规定计算,如无规定,按下列处理:

1）毛石砌筑,每边加工作面15cm。混凝土基础或混凝土垫层需要支横板时,每边加工作面30cm。

2）使用卷材或防水砂浆做垂直防潮时,每边加工作面60cm。

（7）沟槽,基坑石方开挖,按图示尺寸另加允许超挖量,以立方米计算。允许超挖量按被挖的坡面积乘以允许超挖厚度。允许超挖厚度当 $f \leqslant 8$ 时和 $f > 8$ 时分别为20cm和15cm。

（8）计算放坡和支挡土板挖土时,在交接处,所产生的重复工程量不予扣除。

（9）在同一槽、坑或沟内如遇各类不同土壤时,应根据地质勘测资料分别计算。其坡度系数可按各类土壤坡度系数与各类土壤占其全部深度的百分比加权计算。

（10）凡放坡部分,不得再计算挡土板工程量,支挡土板部分,不得计算放坡工程量。

（11）回填土按松填、夯填分别以立方米计算,计算公式如下:

回填土 = 挖土的体积(自然方) − 埋设的构筑物所占体积 × 0.85(实方系数)

（12）基坑石方开挖深度按小于 5m,或大于 5m 分别计算。

（13）管道沟长应按图示尺寸中心线实长计算,宽度按设计规定计算。如设计无规定时,无管道基础的,可按管沟底宽度如下尺寸表计算:

管径(mm)	铸铁管、钢管、石棉水泥管	塑料管	混凝土管、钢筋混凝土管、预应力钢筋混凝土管	陶土管
100 ~ 200	0.7	0.8	0.9	0.8
250 ~ 350	0.8	0.9	1	0.9
400 ~ 450	1	1.1	1.3	1.1
500 ~ 600	1.3	1.4	1.5	1.4
700 ~ 800	1.6	1.7	1.8	−
900 ~ 1000	1.8	1.9	−	−
1100 ~ 1200	2	2.1	2.3	−
1300 ~ 1400	2.2	2.4	2.6	−

注:当管沟深度在 2m 以内及有支撑时,上表沟底宽度应加 0.1m;管沟用板桩支撑时,沟底宽度应加

0.4m。当管沟埋深在 3m 以内并有支撑时,管沟底宽度应加 0.2m;管沟用板桩支撑时,沟底宽度应加 0.6m。

计算管道沟土方工程量时,铺铸铁管输水管道时,接口处的土方工程量应按铸铁管道全部土方工程量增加 2.5% 计算。

(14)在计算管道沟的回填土时,管道直径在 500mm 以上的(包括 500mm)需减去其所占的体积,每米长度应减去的数量,可按下表规定计算:

单位:m³

管道名称	管道直径(mm)					
	500~600	601~800	801~1000	1001~1200	1201~1400	1401~1600
钢管	0.21	0.44	0.71	–	–	–
铸铁管	0.24	0.49	0.77	–	–	–
塑料管	0.22	0.46	0.74	1.15	1.25	1.45
混凝土管	0.33	0.60	0.92	1.15	1.35	1.55

(15)机械运输土石方工程的运距应根据施工组织设计,如无施工组织设计者,按下列方法计算。

1)自卸汽车运土石方,按挖方区重心至填(卸)方区重心之间的最短行驶距离计算。

2)推土机运距,按挖方区重心的直线距离计算。

3)铲运机运距按铲土重心至卸土重心加输向距离计算。C4-3(75 L-P)型铲运机加输向距离 27m,其余均为 45m。

3. 筑坝工程:

(1)坝体填筑总工程量的计算,应根据地形条件复杂程度而定。

1)坝体两端地形条件复杂的,应采用求积仪按地形图等高线的各水平断面分层计算面积,按所求两个相邻面积之平均断面乘以各水平断面之间的厚度,以立方米计算。

2)坝体两端地形条件不太复杂的,可根据地形变化,切割横剖面,按各切割的两个横剖面平均面积乘以每段长度的总和,以立方米计算。

坝体简图:

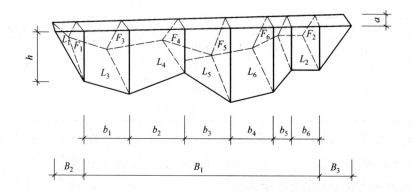

计算公式:

$$V = \frac{F_1 + F_3}{2}b_1 + \frac{F_3 + F_4}{2}b_2 + \cdots + \frac{F_n + F_2}{2}b_n + \frac{1}{6}(F_1 + F_2)(B_2 + B_3)$$

式中　V——坝体总工程量(m^3)。

$$F_1 F_2 \cdots F_n = \frac{L_1 + a}{2}h_1 \frac{L_2 + a}{2}h_2 \cdots \frac{L_n + a}{2}h_n$$

式中　$h_1 \sim h_n$——各断面垂直高度(m)。

3)坝址地形条件较平缓的,其坝体总工程量可按如下公式计算:

$$V = \left[\frac{1}{2}(L + a)Hb_1\right] + \frac{1}{6}(a + L) \times (b_2 + b_3)H$$

坝体简图:

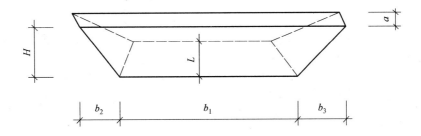

4)坝体中石(土)料填筑工程量的计算:

$$V_1 = V - F_c$$

式中　V_1——石(土)料填筑体积(m^3);

　　　　V——坝体填筑总工程量(m^3);

　　　　F_c——反滤层及砌石镶面所占体积(或心斜墙所占体积)(m^3)。

(2)坝体填筑的计算,预算定额的计量单位是按实方编制的,而定额中所包括的土石材料量:石料、风化料,按松方计算;土料、砂砾料,按自然方计算:

$$筑坝材料预算量 = \frac{自然方(或松方)系数}{实方系数}(1 + 材料损耗系数)$$

注:从石场取料时,因石料合格率所增加的采石量,应在编制石料价格中处理。

(3)反滤料及干(浆)砌石坝的镶面工程量按图示尺寸以立方米实体计算。

4.尾矿输送管道:

(1)管道铺设的工程量:应根据管道直径接口材料不同,按空架铺设,地面铺设,沟埋2m以内,沟埋2m以上以及平坦地带,土地、泥田沼泽、高山峻岭(坡度在30°以上)分别按图示尺寸实铺延长米计算。

(2)各种管道铺设的长度按图示尺寸实铺总长度,不扣除各种零件(包括法兰、套管、伸缩器)所占的长度,但应按图纸个数另行计算三通、四通、弯头材料费及法兰、套管、伸缩器的制作与安装费。

5.构筑物:

(1)混凝土、钢筋混凝土及砖石构筑物,根据定额内部不同划分,均按图示尺寸的实体立方米计算。

钢筋混凝土,不扣除钢筋、铁件和螺栓所占体积。

(2)钢筋混凝土构筑物定额中不包括钢筋的制作及安装,需按图纸另行以吨计算钢筋含量,钢筋接头如设计有规定者,按设计规定计算,设计无规定者,可按设计图示尺寸(不包括接头)乘以系数1.026计算。

施工中需加撑筋及锚固筋时,也应计入钢筋总用量内。

(3)钢筋混凝土池、槽的壁与底的划分,以底板上表面为界。

现浇混凝土柱基础与柱的划分,以柱与基础放大脚为界。

柱与板的划分,以柱顶表面为界。

柱与梁的划分,以柱侧表面为界。

6.其他工程:

(1)构缝,按墙面垂直投影构缝面积计算,不扣除洞口所占的面积,但洞口侧壁的构缝面积亦不增加。

(2)排水井的脚手架,根据排水井高度不同按座计算,排水井高度以自然地坪算至排水井顶面。

(3)室外管道,架空渡槽,排水斜槽的脚手架,按立面面积计算(包括管道支架)。

高度是从自然地坪算至管道或槽底板下皮,长度按管、槽的实长计算。

(4)跑道,按脚手架搭设层数不同的脚手架水平长度延长米计算。

7.排水竖井、隧洞工程:

(1)排水竖井、隧洞工程掘进的工程量,应按设计断面计算实际体积。

(2)排水竖井、隧洞工程支护的工程量,应按设计断面计算。钢筋混凝土支护中不扣除钢筋及埋件的体积。其中钢筋用量按施工图计算,同时要计算搭接及弯钩用量。定额中已考虑钢筋的加工损耗,计算钢筋用量时不得重复计算。

（3）斜井井口采用表土明槽开挖时，其工程量应根据表土层开挖的地形变化，按井口横向切割剖面，根据各相邻两个横向切割面的平均面积乘以各段长度的总和。井口开挖宽度，应按井口砌壁外缘计算，岩石开挖，不计算坡度，土方开挖根据土质不同按下列放坡系数计算：

土　质	放坡系数
普通土	1：0.67
坚　土	1：0.33
砂砾土	1：0.25

（4）金属结构件构件制作，按设计图示尺寸以吨计算，不扣除孔眼、切角的重量。但焊条、铆钉、螺栓的重量也不另计。

主编单位：中冶京诚（秦皇岛）工程技术有限公司

参编单位：中冶北方工程技术有限公司

　　　　　河北钢铁集团矿业有限公司

　　　　　福建马坑矿业股份有限公司

协编单位：鹏业软件股份有限公司

综 合 组：张德清　张福山　赵　波　陈　月　乔锡凤　常汉军　滕金年　刘天威　王占国

主　　编：常汉军　张国庆

参　　编：万　锁　姚　鹏　洪靖宇　叶景辉　张新波　邓　煌　王胜利　王景民　王占国

　　　　　解宝纯　黄丽美

编辑排版：赖勇军　马　丽